Claudia Toll

Kommt nicht,
gibt's nicht

So klappt der Rückruf
bei jedem Hund

KOSMOS

Zum Geleit

Es ist noch nicht lange her, da haben wir mit Claudia Toll bei uns im Wohnzimmer gesessen und über dieses Buch gesprochen. Aufgrund des vorgelegten Textes hatte ich Bedenken, ob der ratsuchende Leser die Hilfestellungen für sich und seinen Hund bei der Erziehung seines Hundes nicht falsch verstehen könnte. Das Auflisten unterschiedlicher Möglichkeiten, einem Hund etwas beizubringen, sei es zum Beispiel das Herankommen oder das Hinlegen, erweckt in den meisten Büchern über Hundeerziehung den Eindruck, man hätte jetzt endlich das Rezept für ihre Erziehung gefunden.

Aus meiner Abneigung diesen Rezepten gegenüber habe ich keinen Hehl gemacht. Erziehung ist schon etwas mehr, als nach Schritt A folglich auch Schritt B und C folgen zu lassen. Es hilft dem Leser mit seinen Fragen überhaupt nicht, wenn er nur auf Liebe und Geduld vertröstet wird, solange ihm nicht bewusst gemacht wird, dass Erziehung von Hunden keine technische und vorrangig lerntheoretische Angelegenheit ist. Erziehung, sei es von Hunden oder Menschen, ist und bleibt primär eine soziale Angelegenheit! Auch wenn zurzeit entsprechende Literatur und Fernsehsendungen den Eindruck erwecken, Hundeerziehung sei ausschließlich eine Frage tricklicher Futterbelohnungen oder dass

sich gar der Mensch für seinen Hund wieder zum Affen zurückentwickeln muss.

Wenn man sich von fragwürdigen Modetrends in der Hundeerziehung nicht beeindrucken lässt, ist es eigentlich ganz einfach. Zum einen geht es darum: Wie bringe ich meinem Hund das Herankommen bei?, und zum anderen: Wie sorge ich dafür, dass er auch zu mir kommt, wenn er gerade mal nicht kommen will? Das eine ist formales Lernen: Was bedeutet das Wort Herankommen überhaupt? Das andere ist soziales Lernen: Muss ich wirklich kommen, wenn man mich ruft?

Hundeerziehung ist demnach komplexer, als einfach nur mit Futter das Herankommen oder Hinlegen zu üben, Claudia Toll ist es sehr gut gelungen, dies zu verdeutlichen. Immer wieder weist sie in diesem Buch darauf hin, dass die zugrunde liegende Beziehung zwischen Halter und Hund die Basis für Erfolg und Misserfolg von Erziehung darstellt. Die vielen Möglichkeiten, einem Hund etwas beizubringen, sind nur dann von Erfolg gekrönt, wenn es dem Hundehalter gelingt, eine soziale Ordnung in die Beziehung Mensch – Hund zu bringen. Dies hat etwas mit Verantwortung, Liebe und Souveränität zu tun und deshalb auch mit der Verpflichtung, seinem Hund von Anfang an wohlwollend Grenzen zu setzen. Damit er in der Zukunft mehr Freiraum haben kann.

Ich danke Claudia Toll für dieses Buch!

Michael Grewe
Hundetrainer und Verhaltensberater
Hundeschule „Hundeleben", Bad Bramstedt

Nichts weiter als
Herankommen

Das wichtigste
Signal im Hundeleben

Ist das nicht die Traumvorstellung vom Hund: Unterwegs mit seinem Menschen läuft er in Wald und Flur frei umher, geht seinen eigenen Beschäftigungen nach, ohne im Dickicht zu verschwinden. Und zwischendurch achtet er immer wieder darauf, was sein Mensch macht und hält sich an ihn. Wird er gerufen, kommt er ohne zu zögern angerannt.

Dieser Hund wiederum hat seinen Traummenschen gefunden. Der bleibt gelassen und doch aufmerksam, der geht auf seinen Hund ein, lässt sich etwas einfallen, was ihn herausfordert und fordert, lässt ihn aber auch immer wieder einfach nur laufen.

Kommen kann Hundeleben retten

Dass der Hund zu seinem Menschen kommt, wenn er gerufen wird, ist fürs ganze Hundeleben am wichtigsten. Es kann situativ sogar lebensrettend werden. Die Welt um uns herum ist nicht so eingerichtet, dass ein Hund ungefährdet überall herumstromern kann. Außer dem „Hier" oder „Komm", dem Signal für den Rückruf, gibt es noch zwei weitere Signale, die einen ähnlich hohen Stellenwert erhalten: das „Nein" und damit der

Verhaltensabbruch, und das „Bleib". Das Herankommen, das Bleiben und auch das „Nein" gehören in bestimmten Situationen zusammen, als Lerneinheiten und auch in der alltäglichen Praxis.

Kommt Paul oder kommt er nicht?

Das Herankommen sollte im Grunde genommen das Einfachste in der Hundeerziehung sein, denn fast jeder Hund sollte doch seinem Menschen folgen wollen. Aber die Realität sieht nicht selten anders aus. Ob auf Hundewiesen oder auf Spaziergängen, immer wieder zeigt sich, dass nichts so schwierig zu sein scheint, wie den Hund dazu zu bewegen, zu seinem Menschen zu kommen, wenn der ruft. Wer kennt nicht diese Szene: Da steht der Mensch – je nach Charakter bereits verzweifelt, wütend oder panisch – und ruft nach seinem Hund. Der Vierbeiner trödelt

Ob kleiner oder großer Hund: Auf Ruf gleich heranzukommen, ist oberstes Gebot.

Auch aus dem gemeinsamen Spiel sollten sich Hunde gleich abrufen lassen.

Aber es gibt auch Situationen, in denen der Hund vorhersehbar nicht kommen wird.

indessen, schnüffelt hier und markiert noch da, rennt auf einen Hundekumpel zu, jagt herum, hat jede Menge anderes zu tun, kommt vielleicht sogar ein paar Schritte, aber nur, um gleich wieder stehen zu bleiben, zur Seite zu gehen und noch etwas zu entdecken, was wichtiger ist. Oder der Mensch steht in der Landschaft, mehr oder weniger heiser schreiend, und vom Hund ist weit und breit nichts zu sehen. Irgendwann schießt er aus dem Gebüsch heraus, mit vor Jagdeifer geradezu leuchtenden Augen. Er rast noch auf seinen Menschen zu, aber gleich wieder an ihm vorbei. Die verbale Steigerung reicht vom ersten „Paul, komm!" über „Nun komm aber!" und dann „Würdest du jetzt endlich mal kommen?!" bis zum „Verdammt, du blöder Köter, jetzt mach endlich, dass du kommst!" Entsprechende mimische und gestische Drohgebärden eingeschlossen. Der Hund indessen bleibt ungerührt, oder er bequemt sich schließlich und macht sich doch noch auf den Weg zu seinem Menschen, nach dem Motto: Na gut, wenn's denn unbedingt sein muss.

Situationen, in denen der Hund herankommen soll:

- Sie nähern sich einer Straße.
- Ihnen kommen Jogger, Wanderer, Radfahrer oder Reiter entgegen, einzeln oder in Gruppen.
- Sie begegnen Menschen mit Hund(en), angeleint oder frei laufend.
- Kinder oder auch Erwachsene zeigen Angst vor dem Hund.
- Sie kommen auf Spaziergängen an Gehöften oder an Weiden mit Tieren vorbei.

Eine Beziehungsgeschichte
Die Königsdisziplin der Hundeerziehung

Dass sich Hunde nicht abrufen lassen, ist eines der größten Probleme, die Menschen mit ihren Hunden haben. Der Rückruf gilt deshalb als die „Königsdisziplin" in der Hundeerziehung. Das Ziel ist der Hund, der zuverlässig auf den ersten Ruf ganz herankommt und sich erst nach einem „Lauf" oder „Los" wieder auf den Weg macht. Das Schöne daran: Diesem Hund kann eine viel größere Freiheit zugestanden werden. Mensch und Hund können sorgloser zusammen durch die Landschaft und durch das Leben streifen.

Der Rückruf soll für den Hund erkennbar ernst gemeint sein.

Das Kommen scheint für den Hund aber doch nicht so einfach zu sein. Sonst gäbe es dabei nicht so viele Schwierigkeiten. Viele Hunde vergnügen sich unterwegs mit für sie sehr interessanten Dingen, vor allem natürlich mit dem Lesen von Geruchsspuren, die andere Hunde hinterlassen haben, oder mit denen von Katzen oder von Wildtieren. Und da unterbricht ihn sein Mensch und will, dass er kommt? Was erwartet ihn denn gegen das, was er gerade selbst entdeckt hat?

Warum Hunde nicht kommen

Wenn ein Hund schon notorisch nicht kommt oder eher nur zufällig, gibt es zwei Möglichkeiten, die als Ursache zugrunde liegen können: Er hat das Nichtkommen gelernt, oder, was wahrscheinlicher ist, die Beziehung zwischen Hund und Mensch ist in einer Schieflage. Da hilft nur: Der Mensch muss dem Hund etwas mindestens ebenso Interessantes zu bieten haben, und das ist er selbst. Und wenn die Beziehung stimmt, wenn eine Bindung zwischen dem Menschen und seinem Hund besteht, so geht es ohne Hilfsmittel und Tricks und Equipment. Dann ist es tatsächlich so, dass der Hund folgen will, weil er einen souverän führenden zweibeinigen

Kommen angeleinte Hunde entgegen, wird der Hund herangerufen.

Begleiter hat. Den Weg dahin zu finden, ist die schwierigste Sache für Menschen mit Hund, denn es ist vor allem eine Sache der Persönlichkeit – des Menschen, wohlgemerkt. Konditionierungstraining kann der Mensch immer machen, aber ohne die Stimmigkeit des sozialen Hintergrunds bleibt es Dressur.

Die Mensch-Hund-Beziehung

Zur Stimmigkeit der Beziehung zwischen Mensch und Hund stellen sich zuerst die Fragen: Wer bemüht sich um wen, wer achtet auf wen? Der Mensch auf den Hund oder der Hund auf den Menschen? Wer steht im Mittelpunkt? Wer hat das Sagen? Wenn der Hund in vielen Situationen macht, was er will, wenn der Hund derjenige ist, dem – nachdem er mehr oder weniger lange leise gequengelt oder auf aufdringlichere Weise gefordert hat – nachgegeben wird, ist es nicht verwunderlich, wenn er auch auf das Rufen nicht reagiert. Der Mensch bestimmt, wörtlich genommen, wo es langgeht. Denn dass der Hund auf das „Hier" auch tatsächlich seinem Menschen folgt, ist nicht isoliert zu sehen.

Und das gilt selbstverständlich auch und gerade zu Hause, nicht nur draußen. Die Regeln für das Zusammenleben mit dem Hund in einem Hausstand sind im

Aufdringliches Verhalten zeigt sich vor allem zu Hause.

Grunde einfach und klar. Sie einzuhalten fällt nicht allen Menschen leicht, denn dazu gehört Konsequenz, nicht in erster Linie dem Hund gegenüber, sondern sich selbst. Der Hund zum Beispiel akzeptiert ohne Murren, dass sein Spielzeug nicht ständig und überall erreichbar herumliegt, sondern dass es nur vom Menschen herausgegeben und wieder weggeräumt wird, im doppelten Wortsinn: Der Hund darf sich nichts herausnehmen. Hier eine Bestandsaufnahme zu machen, ist der erste Schritt. Sollte es bei Ihnen so sein, dass die Beziehung in diesem Sinne offensichtlich nicht ge-

Der Hund darf sich nichts herausnehmen, sondern der Mensch gibt heraus.

Familie mit Hund mit sich. Diese Unterschiede erkennt der Hund sehr gut. Welche Methoden Sie dann beim Üben anwenden, immer ist mitzubedenken: Wie ist Ihr Hund? Eher zurückhaltend bis ängstlich, offen und neugierig oder sicher bis robust? Was können Sie ihm zumuten oder zutrauen, was unterstützen und fördern, was eher bremsen? Mit welchem Tempo müssen oder können Sie vorgehen? Dabei, das alles richtig einzuschätzen, hilft oft auch ein Blick von außen.

Die Regeln sind klar, und der Hund akzeptiert sie: Er hat sein Spielzeug, und er bleibt auf seinem Platz

klärt ist: Beobachten Sie vor allem sich und Ihr Verhalten und dann erst das des Hundes in allen Formen des häuslichen Zusammenlebens und unterwegs. Es geht ja nicht darum, den Hund nur noch einzuschränken und ihm nichts mehr zu erlauben.

Treffen Sie klare Absprachen, damit der Hund die Richtung erkennt und einhalten kann. Diese Absprachen gelten für alle, die zur Familie gehören und mit dem Hund unmittelbar zu tun haben. Unterschiede wird es weiterhin geben, das bringen allein die diversen Konstellationen im Beziehungsgeflecht einer

Hier lieber an die Leine: Wo Autos fahren ...

... und Radfahrer auf kleinen Straßen unterwegs sind.

Die Lernsituation

Einem Hund wird kein schulstundenweiser Unterricht erteilt, und dann ist Feierabend und Freizeit. Der Hund geht ständig bei Ihnen und in der ganzen Welt in die Schule, wenn er sich nicht gerade zurückgezogen hat und schläft. Damit ist nicht gemeint, dass er immer wieder zu irgendetwas aufgefordert wird. Sondern es ist so, dass sich ganz von selbst zwischen Ihnen ein permanenter Austausch von Signalen ergibt und ein Wechsel zwischen Aktion und Reaktion. Denn es ist unmöglich, sich nicht zu verhalten. Sie geben Ihrem Hund Informationen verschiedenster Art, ob Sie ihn ignorieren, Ihren eigenen Beschäftigungen nachgehen oder ob Sie sich ihm zuwenden, sei es mit Worten oder durch Körpersprache. Der Hund entschlüsselt

diese Signale und verhält sich entsprechend. Er lernt, Sie zu lesen, genauso wie Sie lernen sollten, Ihren Hund zu lesen. Das heißt, es gibt für Lernvorgänge nicht die eine besonders gestaltete Situation. Gelernt wird immer, sowohl im Haus als auch draußen auf den Spaziergängen.

In der Stadt

Auch wenn der Hund zuverlässig ist: In Ortschaften und an allen Straßen gehört er an die Leine. Es kann zu viel Unvorhergesehenes passieren, das nicht vorher geübt werden kann. Wie der Hund in diesem Fall reagiert, ist also nicht absehbar. In der Stadt ist es wegen der vielen anderen Menschen, die unterwegs sind, immer angebracht, den Hund anzuleinen.

Die Grundlagen

Der richtige Ton

Hunde haben ein gutes Gehör. Sie können leise mit Ihrem Hund sprechen. Leises Sprechen bringt den Hund eher dazu, seine Aufmerksamkeit auf Sie zu richten. Es lässt auch zu, dass Sie differenzieren, indem Sie Ihre Stimme mal erheben und lauter werden oder ärgerlicher klingen, wenn es sein muss. Der Hund wird sensibler, wenn es für ihn heraushörbare Abstufungen in der Stimmlage gibt.

Freudig loben

Wenn Sie den Hund loben, geht Ihre Stimme nach oben. Sie muss dabei nicht laut oder aufdringlich oder quietschig werden. Loben Sie nicht übertrieben, aber aufmunternd. Mit der Stimme lässt sich leicht Freude ausdrücken. Und Sie freuen sich natürlich, wenn Ihr Hund zu Ihnen kommt. Echte Freude erkennt der Hund, denn Hunde sind Meister darin, Nuancen zu erkennen, feinste Abweichungen und Verschiebungen herauszuhören.

Ein Signal für immer

Wählen Sie von Anfang an das Hörzeichen für den Rückruf und verwenden Sie dann nie ein anderes. Entscheiden Sie sich für „Hier" oder „Komm" oder „Zu mir" oder was auch immer. Das „Hier" hat den Vorteil, dass es sich durch den Vokal zu einem hellen „Hiiiier" dehnen lässt, und es kommt in der Alltagssprache nicht ganz so oft vor. „Komm" wird häufig verwendet und auch leicht mit sich widersprechenden Botschaften vermengt, etwa: „Nun komm, mach schon", oder: „Komm, geh weg!" Es kann auch ein klar akzentuiertes Fantasiewort sein, das Wort selbst ist völlig unwichtig.

Wenn der Hund gern herankommt, ist das ein gutes Zeichen.

Er sollte dann auch nicht gleich wieder wegrennen.

Mit Pfiff

Zusätzlich zum Hörzeichen „Hier" können Sie gleich einen Pfiff mit der Hundepfeife einführen. Das ist schon beim Welpen möglich, wenn er erst vier Wochen alt ist, und manchmal macht es bereits der Züchter. Es geht aber auch viel später noch, wenn der Hund schon erwachsen ist.

So wird's gemacht!

Es sollte ein kurzer Pfiff sein oder ein schneller Doppelpfiff. Benutzen Sie eine Pfeife, die nicht in einer Tonhöhe liegt, die allein der Hund hören kann. Sie würden sich dann nie ganz sicher sein, ob wirklich etwas zu hören war. Für den Pfiff gilt wie für den Ruf: Bleiben Sie beim einmal gewählten Ton.

Und der Mensch freut sich, wenn sein Hund kommt, und zeigt das auch.

Sie können mit Ruf und Pfiff unabhängig voneinander üben. Genauso gut können Sie erst das „Hier" festigen und dann den Pfiff einführen. Oder umgekehrt. Hat der Hund mit dem „Hier" angefangen und soll der Pfiff zum weiteren Signal werden, geben Sie zunächst das schon bekannte Signal, also rufen Sie, und darauf folgt sofort der Pfiff.

Der Pfiff kann das gerufene „Hier" in vielen Situationen ersetzen, aber Ihr Hund sollte auf beide Signale gleichermaßen gut reagieren. Die Vorteile des Pfiffs sind zum einen, dass es ein neutraler Ton ist, zum anderen, dass der Hund ihn auch noch hören kann, wenn er weiter von Ihnen entfernt ist. Sie müssen nicht laut brüllen.

Ein Welpe lernt normalerweise recht schnell, auf den Pfiff zu hören. Das Geräusch macht aufmerksam und neugierig. Pfeifen Sie anfangs genau so, wie Sie den Rückruf einüben, aus nächster Nähe. Kommt der Hund daraufhin angelaufen, wird er bestätigt: Gut gemacht! Positive Verstärkung, also Belohnung in Form von Lob, Leckerchen, Spiel oder Streicheln verfestigt das Lernen (siehe Seite 22).

Mit Sichtzeichen

Den Rückruf und den Pfiff können Sie von Anfang an mit einem Sichtzeichen kombinieren. Winken Sie den Hund deutlich zu sich heran, etwa indem Sie die flache Hand, mit dem Handrücken

nach vorn gewendet, zu sich heranzie-
hen. Oder klopfen Sie mit der Hand auf
den Oberschenkel. Auch hier bleiben Sie
bei einem Zeichen.

Gehörlose Hunde müssen mit dem
Sichtzeichen allein auskommen, es muss
für sie unmissverständlich sein. Bei
einem tauben Hund ist es gar nicht
anders möglich, als dass er zuerst auf
Sie aufmerksam wird, bevor das Sichtzeichen folgt. Die Aufmerksamkeit lässt
sich lenken, zum Beispiel durch einen
Katzenspielzeug-Laserpointer (Achtung!
Nie direkt in die Augen des Hundes
leuchten!) oder ein Vibrationshalsband.
Vor allem sollten taube Hunde sich
draußen stark an ihrem Menschen
orientieren.

Überall Gepfeife

Ihr Hund wird auf der Hundewiese oder auf dem
Spaziergang nicht der einzige sein, der auf Pfiff
herankommen soll. Wollen Sie vermeiden, dass
Ihr Hund unterwegs auf jeden Pfiff achtet, kann
er lernen zu differenzieren. Dafür verwenden Sie
beim Üben unterschiedlich klingende Hundepfei-
fen, bestätigen aber immer nur das Herankommen auf den einen, ganz bestimmten Pfiff, auf
den Ihr Hund konditioniert werden soll. Bewährt
haben sich zum Beispiel Pfeifen mit einer bestimmten Abfolge von Tönen, die
unverwechselbar sind, wie sie Schäfer
verwenden.

Die klare Körpersprache

Ein Blinzeln, ein Fingerzeig, eine leichte
Kopfwendung, ein Stirnrunzeln – das
und andere Kleinigkeiten mehr genügen
einem Hund bereits, um Veränderungen
im Verhalten des Menschen zu erkennen. Sich mit der Körpersprache dem
Hund gegenüber klar und eindeutig
auszudrücken, ist für Menschen gar
nicht so einfach. Es ist aber wichtig,
damit es gar nicht erst zu Missverständ-
nissen kommt, die später wieder geklärt
werden müssen. Auf einiges sollten Sie

*Eine klare Körpersprache, das Sichtzeichen
durch die erhobene Hand und ein Pfiff
können noch zur Verdeutlichung eingesetzt
werden*

Kein freudiges Herankommen: Beugt sich der Mensch nach vorn und unten, wirkt das auf viele Hunde wie eine Bedrohung.

beim Rückruf achten, weil es auf den Hund eine andere Wirkung ausübt als in der üblichen Kommunikation mit Menschen. Zum Beispiel: Wenn Ihnen Ihr Hund entgegenkommt, richten Sie sich nicht zusätzlich auf und straffen sich, und vor allem beugen Sie sich nicht nach vorn und unten. Diese Körperhaltung wirkt auf viele Hunde bedrohlich. Auch das Ausbreiten der Arme ist zu überdenken. Die Bedeutung, die diese freundlich aufnehmende Geste für Menschen hat, hat sie für Hunde nicht. Sie ist zugleich betont ausladend und raumgreifend: Sie machen sich größer und breiter. Am Verhalten des Hundes werden Sie feststellen, wie er reagiert und ob Sie nicht lieber darauf verzichten. Wenn Sie beim herankommenden Welpen allerdings in

die Knie gehen, diese Geste dann zeigen und zudem ein erfreutes Gesicht machen, schwächen Sie das Imponiergehabe wieder ab; Ihr Hund kann lernen, dass es nicht bedrohlich ist.

Was Sie vermeiden sollten:

- Beugen Sie sich nicht nach vorn und von oben zum Hund hinunter, nehmen Sie den Oberkörper etwas zurück.
- Starren Sie den Hund nicht direkt an, aber sehen Sie ihm freundlich entgegen.
- Gehen Sie Ihrem Hund nicht entgegen, sondern machen Sie ein, zwei Schritte rückwärts.
- Stehen Sie nicht stocksteif da, denn Hunde nehmen vor allem Bewegung wahr.
- Aber hampeln Sie auch nicht auffällig herum, das könnte Ihr Hund als Spielaufforderung auffassen.

Wie lernt

der Hund?

Lernen muss sich lohnen

Gelernt wird nur, was sich lohnt – diese Aussage der Lerntheorie wird von der modernen Hirnforschung bestätigt. Und er gilt vermutlich nicht nur für Säuge- und andere Wirbeltiere, sondern für alle Lebewesen.

Und was lohnt sich? Auf jeden Fall alles, was positive Gefühle hervorbringt, aber auch das, was dazu führt, dass negative Gefühle enden. Was habe ich davon? Das ist die Frage, die bei allem Lernen und allem, was Lebewesen tun, den Ausschlag gibt.
Gelernt wird auf unterschiedlichen Wegen, immer spielen bei Lernvorgängen die Gefühle eine entscheidende Rolle. Negative Gefühle blockieren. Was mit guten Gefühlen gelernt wird, sitzt sicherer.

Lernen sollte Spaß machen.

Lernformen
Klassische Konditionierung
Eine Form des Lernens ist die klassische Konditionierung, auch Reflexlehre genannt. Entwickelt wurde sie von Iwan Pawlow. Dabei wird ein zunächst völlig neutraler Reiz – ein Geräusch oder eine Bewegung, ein Glockensignal in der ursprünglichen Versuchsanordnung – zeitlich unmittelbar verknüpft mit einem anderen, davon unabhängigen Reiz, und zwar einem sogenannten unbedingten oder natürlichen Reiz, etwa dem Anblick oder auch Geruch von Futter. Dieser Reiz löst beim Hund als natürliche Verhaltensreaktion Speichelfluss aus. Und zu dieser reflexhaften Reaktion führt nach einigen Wiederholungen allein der zunächst neutrale Reiz.

Das Glockensignal reicht dann schon ohne den Anblick von Futter aus – beim Hund tropft der Speichel. Das Signal wird zum sogenannten konditionierten Reiz. Dieses assoziative Lernen erkennen wir auch bei unseren Hunden. Wichtig ist die sofortige Verbindung oder Paarung der Reize.

formt sich allmählich ein bestimmtes Verhalten heraus. Der Unterschied zur klassischen Konditionierung ist, dass es kein rein reaktives Verhalten ist, sondern erst herausgefunden werden muss, welches Verhalten zum Ziel führt, etwa Futter zu bekommen. Es hat entweder eine angenehme oder eine unange-

Es erfordert Aufmerksamkeit.

Und Belohnung wirkt als Verstärkung.

Operante oder instrumentelle Konditionierung

Eine weitere Form des Lernens ist die operante oder instrumentelle Konditionierung. Sie wird auch als Lernen am Erfolg oder als Verstärkungslernen bezeichnet. Wie es abläuft, entdeckte Burrhus F. Skinner bei seinen Tests: Auf dem Weg über Versuch und Irrtum

nehme Folge, und es ist keine Frage, dass im Lauf des Lernens alles vermieden wird, was eine unangenehme Folge hat. Aber das Verhalten, das eine angenehme Folge hat, setzt sich allmählich fest, weil sich dann die Erfahrung mit den guten Gefühlen wiederholt. Es ist ein einfaches Wenn-dann-Lernen: Komme ich heran, dann gibt es eine Belohnung.

Das Prinzip Versuch und Irrtum wird durch Verstärker beeinflusst. Eine angenehme, also positive Verstärkung führt dazu, dass ein Verhalten oder eine Handlung bereitwilliger und öfter gezeigt wird. Je intensiver die Verstärkung als positiv erlebt wird, desto effektiver wird gelernt. Dass bei aller Verstärkung nur gelernt wird, was einer natürlichen Lerndisposition entspricht, ist klar. Der Hund lernt nur, was als ein angeborenes Verhalten angelegt ist.

Generalisieren

Instrumentelle wie auch operante Konditionierung sind nicht die einzigen Formen des Lernens. Auch beim Hund gibt es in beschränktem Umfang Nachahmungslernen und Vorstufen oder Ansätze zum Generalisieren. Gäbe es diese Fähigkeit des Hundes zum Generalisieren nicht, ließe sich Gelerntes wie etwa ein „Nein", das im Zusammenhang mit einem Futtertabu etabliert wurde, nicht auch auf andere Gebiete übertragen, die mit Futter und der ursprünglichen Lernsituation nichts zu tun haben. Der Hund sortiert seine Wahrnehmungen mit der Zeit ein.

So lernt der Hund auch durch seinen Menschen: Das erwünschte Verhalten wird bestärkt. Leckerchen sind dabei ein primärer Verstärker. Primär heißt, dass

Auch das Herankommen lässt sich gut mit Leckerchen einüben, es ist für den Hund zugleich Belohnung und Bestätigung, dass er es richtig gemacht hat.

dieser Verstärker auf Anhieb als positiv empfunden wird und nichts darüber hinaus verdeutlicht werden muss. Aber es gibt noch andere Möglichkeiten, den Hund positiv zu bestärken, wenn auch bei den weitaus meisten das Leckerchen am wirksamsten ist.

Bestätigung und Belohnung

Wenn der Hund doch schon aus Ihrer Stimme heraushört, dass Sie sich freuen und dass er gelobt wird, genügt da nicht das Loben als Bestätigung und Konditionierung? Muss dann noch eine Belohnung dazukommen? Was auch immer Sie einsetzen als Belohnung, am wichtigsten sind Sie selbst. Sein Herankommen lohnt sich allein Ihretwegen! Und wenn Sie das erleben, ist es auch für Sie eine Bestätigung. Leckerchen oder ein Spiel oder Spielzeug oder Streicheln sind allerdings geschickt eingesetzte Möglichkeiten zur Unterstützung, und sie sind vor allem für das grundlegende Lernen, zum Einüben des einfachen Verhaltensablaufs, das Mittel der Wahl.

Kleine Portion oder die ganze Handvoll:
So lässt sich die Belohnung variieren.

Leckerchen ...

Muss es immer wieder ein Leckerchen sein? Das Leckerchen ist schon ein sehr starker Reiz für fast alle Hunde, und darauf, starke Reize zu setzen, kommt es an. Skinner hat festgestellt, dass ein neues Verhalten sich schnell festsetzt, wenn es jedes Mal belohnt wird. Bleibt die Belohnung aus, kommt es in absehbarer Zeit zum Erlöschen der Handlung. Am längsten halten sich neu erlernte Handlungen, wenn nach ihrer erfolgten Festsetzung durch die anfänglich ständige Belohnung später nur noch variabel oder intermittierend (unregelmäßig) belohnt wird. Dann gibt es das eine Mal nichts, das andere Mal oder auch mehrmals nacheinander gibt es etwas, dann wieder eine Weile nichts. Sie müssen also nicht ein Hundeleben lang jedes Mal, wenn Ihr Hund auf Ruf zu Ihnen kommt, Leckerchen verteilen. Hat sich beim Hund ein Verhalten erst einmal etabliert, ist es also verlässlich abrufbar, sitzt es fest im Hundehirn, und Sie könnten die Sache mit Belohnen ganz einstellen. Es gilt für die Lernphasen.
Wollen Sie dem Hund zur Bestätigung eines Verhaltens Leckerchen geben, machen Sie daraus kleinste bis winzigste Portionen. Variieren Sie trotzdem die Menge, wenn der Hund besonders schnell reagiert hat oder sich aus einer

schwierigeren Situation heraus prima hat abrufen lassen hat.

Und überraschen Sie ihn in Ausnahmefällen mit einer ganzen Handvoll Futterhäppchen, dem Jackpot.

Messen Sie möglichst ab, wie viel Sie dem Hund über den Tag verteilt so zustecken, und ziehen Sie diese Menge dann von seinem Futter ab, denn gerade in der Lernphase gibt es viel zu belohnen. Bringen Sie Abwechslung in die Belohnung, es sollte nicht das alltägliche Futter sein, womöglich noch die immer gleich schmeckenden Trockenpellets,

sondern lieber mal rohe Fleischbröckchen, Fleischwurst, Käsehäppchen, weich gekochte gefüllte Tortellini oder andere Besonderheiten.

... oder Spielen

Die Belohnung, die für die meisten Hunde die größte Überzeugungskraft hat, ist das Leckerchen. Aber vielleicht gehört Ihr Hund zu denen, die gar nicht so wild darauf sind, auch nicht, wenn es etwas ganz Besonderes ist. Das soll vorkommen, wenn auch eher selten. Überlegen Sie: Was für ein Hundetypus

ist Ihrer? Das zeichnet sich oft schon beim Welpen ab. Was ist das Schönste für Ihren Hund? Die Belohnung kann zum Beispiel für Hunde, die dafür empfänglich sind, ein Streicheln oder Knuddeln oder Ohrenkraulen sein. Für wieder andere ist es ein Spielzeug oder eine kurze freundliche Rangelei mit Ihnen oder ein Spiel. Geben Sie Ihrem Hund die auf ihn klar positiv wirkende Belohnung genau wie ein Leckerchen, also immer dann, wenn er zu Ihnen gekommen ist. Wollen Sie beispielsweise zur Belohnung machen, dass Ihr Hund mit einem Ball

Auch das Ballspiel lässt sich als Belohnung einsetzen. Zum sofortigen Loshetzen sollte es den Hund nicht verleiten.

spielt, bekommt er den nicht sofort, wenn er bei Ihnen ist. Ihr Hund sollte dann erst mal bei Ihnen verharren und auch nicht gleich lossprinten, wenn Sie den Ball werfen. Er sollte Sie (und nicht den Ball) ansehen und auf Ihr Zeichen warten, dass er nun laufen darf. Werfen Sie den Ball nicht weit oder rollen Sie ihn, das verringert die Versuchung des Hetzens. Und solange Sie mit einer Schleppleine trainieren, werfen Sie den Ball selbstverständlich niemals weiter als die Leinenlänge. Zurückhaltung ist dringend angesagt bei Hunden, die auf Bälle völlig fixiert sind. Spielt Ihr Hund gern mit einem Ball oder einem anderen geworfenen Spielzeug, ist es ganz wichtig, ihn nicht schon vom Welpenalter an zum sogenannten Balljunkie zu machen. Das sind die Hunde, die auf nichts anderes mehr achten, die nur auf den Ball starren, die dem geworfenen Ball hinterherhetzen, ihn zurückbringen und darauf warten, dass der Ball wieder und wieder geworfen wird. Es hat mit sinnvollem Spiel nichts mehr zu tun. Haben Sie einen Hund, der dieses Verhalten nur im Ansatz zeigt, sollte die Ballspielerei gar nicht als Belohnung eingesetzt werden. Für so einen Hund wird der fliegende Ball bereits nach wenigen Malen ein so starker Bewegungsreiz, dass ihn schließlich kein Rückruf mehr erreicht.

„Hier" heißt, dass der Hund ganz nah an den Menschen herankommen soll.

In diesem Buch ist in den meisten Fällen von Leckerchen die Rede. Ersetzen Sie das Wort durch Spielzeug oder Streicheln, je nachdem, was Ihr Hund als passende Belohnung ansieht. Gefragt sind jedenfalls starke Reize! Und was haben alle reizvollen Belohnungen mit dem Menschen zu tun, dem der Hund sich doch anschließen sollte? Die Belohnungen werden als Hilfsmittel oder Lehrmittel eingesetzt, eben als Verstärker. Was dahinterstehen muss, ist immer die Attraktivität des Menschen.

Genaues Timing

Es kommt in der Phase des Lernens bei der Bestätigung eines Verhaltens, also beim Loben und Belohnen, auf das punktgenaue Timing an: Bestätigen Sie genau das, was Sie vom Hund erwartet und verlangt haben, und tun Sie es genau in der Sekunde, in der er das entsprechende Verhalten zeigt. Das heißt, Sie müssen nicht nur Ihren Hund sehr genau beobachten und sein Verhalten verstehen, Sie müssen auch die Belohnung präsent haben, die Leckerchen griffbereit, nicht erst umständlich in einer Tasche danach kramen. Nur so, auf die Schnelle, gelingt die Verknüpfung von dem, was der Hund richtig gemacht hat, mit der Belohnung.

„Hier" heißt: Ganz heran

Dass der Hund nicht herankommt, Ihnen nur schnell das Leckerchen aus der Hand pflückt und gleich wieder wegrennt, ist nicht das beabsichtigte Ziel des Übens.

Wenn der Hund beim Herankommen zögert ...   *... wird die Distanz allmählich verkürzt.*

Kommen heißt, der Hund soll so nah bei Ihnen sein, dass Sie ihn anfassen können. Das Ziel ist, dass der Hund bei Ihnen ist und dass er so lange bei Ihnen bleibt, bis Sie ein weiteres Signal geben, mit dem Sie das Herankommen wieder auflösen. Dann entlassen Sie ihn mit: „Lauf!" (siehe Seite 37).

Wenn Ihr Hund auf Abstand kommt

Es gibt anhängliche Hunde, die zwar immer brav kommen, aber einen Abstand bewahren. Dann wäre zu trainieren, dass es für den Hund darum geht, sich die Belohnung aus der Hand zu holen. Werfen Sie sie ihm also nicht entgegen. Strecken Sie auch die Hand nicht vor. Das können Sie so machen, wenn Sie ein gezieltes Training aufbauen

wollen. Dabei wird Ihr Hund gezwungen, sich Ihnen nach und nach immer mehr zu nähern:

1. Im ersten Schritt legen Sie das Leckerchen vor sich auf den Boden, anfangs weiter entfernt, nach und nach immer näher, schließlich bis auf Armeslänge entfernt.
2. Im zweiten Schritt legen Sie das Leckerchen auf die Hand und strecken Sie sie ihm entgegen, nach und nach nehmen Sie sie immer dichter an den Körper heran.

Und Strafe?

Mit Strafe ist in der Hundeerziehung heute wahlweise Ignorieren, verbales Zurechtweisen oder die klar gesetzte

Unterbrechung eines unerwünschten Verhaltens oder auch eine körperliche Begrenzung gemeint. Hundekennern gelingen die passenden Arten, wenn sich beim Hund bereits der Ansatz für ein unerwünschtes Verhalten abzeichnet. Dafür muss er allerdings sehr gut beobachtet werden.

Der richtige Zeitpunkt für die Korrektur

Es kommt beim Korrigieren des Hundes ebenso auf den richtigen Zeitpunkt an wie beim Bestätigen. Genau während der sogenannten Missetat, in flagranti also, muss der Hund erwischt werden. Schon zwei Sekunden später kann er das eine, das unerwünschte Verhalten, nicht mehr mit dem anderen, der Unterbrechung oder Zurechtweisung, verknüpfen. Denn wenn er sich schon wieder mit etwas anderem beschäftigt, würden Sie, wenn es dumm läuft, richtiges Verhalten mit einer Korrektur belegen und somit für eine falsche Verknüpfung sorgen. Wie lässt sich das übertragen auf den Rückruf? Wie lässt sich Nichtkommen abbrechen? Das ist nicht möglich. Aber durchaus lässt sich ein Verhalten abbrechen, nämlich das, was den Hund gerade daran hindert zu kommen, und das geht auch dann, wenn er sich mehrere Meter entfernt aufhält. Und es gibt noch weitere Möglichkeiten zur Korrektur und

zum Einschreiten. Die Frage gilt auch immer wieder dem zögerlichen oder verspäteten Herankommen des Hundes. Was tun? Ist der Hund bereits bei Ihnen angelangt, stellt er aus seiner Sicht die berechtigte Frage: Ich bin doch gekommen, was willst du? Wird er jetzt bestraft, verknüpft er das mit seinem Herankommen, nicht mit der Verzögerung. Aber auch hier gibt es Mittel zum rechtzeitigen Korrigieren. In der Zeit des Lernens sieht das anders aus, dann freuen Sie sich auch über ein verzögertes Kommen. Aber sobald Ihr Hund weiß, was von ihm beim Ruf „Hier" erwartet wird, müssen Sie ihn nicht mehr begeistert empfangen, wenn er überhaupt kommt. Dann gilt nur noch schnelles Kommen.

Nichtkommen lernen

Unbewusst verstärken Hundebesitzer häufig das Nichtkommen, indem sie den Hund aus Situationen abrufen wollen, in denen er voraussagbar nicht hören wird. Und dann lassen sie es dabei bewenden. Oder sie rufen mehrfach, und noch immer tut sich nichts. Hat man das einige Male gemacht, sagt die Erfahrung dem Hund: Ich muss nichts machen, wenn „Hier" gerufen wird. Auch wenn ich nicht komme, hat das keine Konsequenzen. Zieht man das eine Weile durch, hat man daraus bald ein Trainingsprogramm unter umgekehrten Vorzeichen entwickelt.

Lernmethoden und Lernschritte

Kommen richtig lernen

Das Erlernen des Rückrufs wird sinnvoll nach einem in den Grundlagen immer gleichen Prinzip aufgebaut. Schritt für Schritt lernt Ihr Hund so, zuverlässig zu Ihnen zu kommen.

Einzelne Lernschritte

1. Schritt: Aufmerksam machen

Voraussetzung für das Herankommen ist, dass der Hund aufmerksam wird.

> Am Anfang warten Sie Situationen ab, in denen er Ihnen bereits zugewandt ist. Locken Sie ihn dann heran, indem Sie ihm zum Beispiel ein Leckerchen oder Spielzeug zeigen. Daran schließt sich schon fast immer an, dass er auf Sie zuläuft.

> In der Folge kommen Situationen dazu, in denen er sich mit einer anderen Sache beschäftigt und gerade nicht auf Sie achtet. Dann müssen Sie seine Aufmerksamkeit auf sich lenken. Am besten durch ein Geräusch, etwa Klatschen oder Fingerschnipsen, das wirkt vor allem beim Welpen. Es könnte auch der Hundename sein. Zwar weiß kein Hund, dass er Buddy oder Lisa oder Finja heißt, aber der Name wird für fast alle Hunde bald das Signal zum Aufhorchen. Der Hundename fällt ja bei vielen Gelegenheiten,

Schon beim ersten Schritt heißt es: „Hier!"   *Das Herankommen wird sofort bestätigt.*

manchmal allerdings so oft, dass der Hund darauf kaum noch reagiert. Der Name allein genügt aber nicht, angehängt wird jetzt noch das Zeichen für den Rückruf.

2. Schritt: „Hier!" rufen

Am Anfang hört Ihr Hund das „Hier" nicht, damit er kommt, sondern weil er kommt! Sobald er auf Sie aufmerksam geworden ist und sich klar erkennbar auf den Weg zu Ihnen macht, Sie dabei immer noch ansieht, rufen Sie ihm das „Hier" entgegen. Ist er direkt und mit Kontaktaufnahme zu Ihnen gekommen, wird er sofort gelobt.

Setzt sich der Hund in Bewegung, achten Sie auf Ihre Körpersprache. Sie können in die Hocke gehen und sich auf Augenhöhe mit ihm begeben, das wirkt gerade auf Welpen anziehender, als wenn Sie sich groß, wie Sie sind, aufbauen. Ist er auf dem Weg zu Ihnen, wird sein Blick

aber unterwegs abgelenkt oder bleibt er stehen, sagen Sie nichts, rufen Sie nicht wiederholt, geben Sie auch keine Kommentare ab wie: „Dann eben nicht ..." Wenden Sie sich anderen Dingen zu, versuchen Sie es kurze Zeit später noch einmal.

Wenn der Hund am Anfang auch keine Ahnung hat, was nach dem „Hier" von ihm erwartet wird, weil es ja immer dann gerufen wird, wenn er sich bereits auf den Weg gemacht hat: Irgendwann kehrt sich der Ablauf um. Dann setzt er sich auf das Kommando hin in Bewegung zu Ihnen. Was es bedeutet, in dem Sinne, wie für uns Wörter einer Sprache verständlich sind, weiß er immer noch nicht. Er hat nur gelernt, einen Reiz – den Ruf „Hier" – mit einem anderen Reiz – Lob und Leckerchen – zu verknüpfen. Und diese Verknüpfung sitzt irgendwann fest. Dann hat er's begriffen: „Hier" heißt kommen.

3. Schritt: Schau mich an!

Dass der Hund seine Aufmerksamkeit auf den Menschen richtet, wird nur ersichtlich, wenn er ihn ansieht. Wie lässt sich ein Hund dazu bringen, zum Menschen Blickkontakt aufzunehmen? Es ist ein Verhalten, das nicht nur Welpen zeigen, sondern auch noch erwachsene Hunde, dass sie sich in bestimmten Situationen deutlich an den Menschen wenden. Viele Hunde bleiben zum Beispiel an der geschlossenen Tür stehen und sehen den Menschen an, in der Erwartung, dass er sie öffnet. Und es ist bei fast jedem Hund vorauszusehen, dass er zum Menschen aufblickt, wenn der ein Leckerchen in der Hand hält. Sobald der Hund Sie so direkt ansieht, können Sie sagen: „Schau", oder: „Schau mich an", und ihm das Leckerchen

geben. Auf das „Schau" folgt also etwas für den Hund Angenehmes. Nach wiederholtem Üben erreichen Sie, dass er Sie auf diesen Satz hin ansieht. Dieses „Schau" kann sehr gut mit dem Clicker trainert werden (siehe Seite 75).

Der Welpe
Sensible Phasen beim Welpen

Mit sensiblen Phasen sind sogenannte Zeitfenster gemeint, in denen Lebewesen eine besondere Bereitschaft und Aufnahmefähigkeit für bestimmte Lernvorgänge zeigen. Wenn der Hund als Welpe zu Ihnen kommt, mit acht bis zwölf Wochen, hat er die sensible Phase, in der prägungsähnliche Vorgänge ablaufen, normalerweise hinter sich. Es sind, biologisch korrekt gesehen, keine Prägungen, denn die wären nicht wieder rückgängig zu machen. Allerdings wird Verhalten, das der Welpe in diesem Alter lernt, tief verankert, und es ist fast immer nur schwer wieder rückgängig zu machen. Diese sogenannte Prägungsphase geht über in die Sozialisierungsphase, die etwa beginnt, wenn Sie den Hund übernehmen. Ab der zwölften Woche beginnt die Rangordnungsphase. Sozialisierungs- und Rangordnungsphasen sind für den kleinen Hund zwei in jeder Hinsicht überaus wichtige Lebensabschnitte mit Abläufen und Vorgängen,

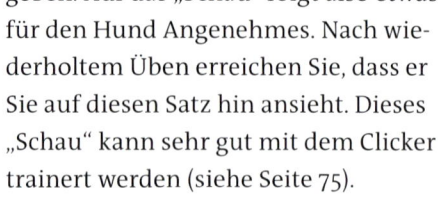

Regeln fürs Üben mit allen Hunden

1. Üben Sie jeden Tag mehrmals, aber immer nur kurz.
2. Halten Sie beim Üben anfangs einen immer gleichen Ablauf ein, bauen Sie Varianten erst nach und nach ein.
3. Üben Sie dann aus verschiedenen Situationen heraus und in unterschiedlichem Umfeld.
4. Das Üben soll nicht wie eine Trainingsstunde wirken, es wird in den Alltag integriert, wenn es sich ergibt.
5. Der Hund darf nicht müde sein.

Etwa ab der zwölften Lebenswoche ist der Welpe besonders aufnahmefähig, und jetzt lernt er so schnell und so viel wie sonst nicht wieder im Leben.

die fürs ganze Hundedasein entscheidend werden. Denn jetzt erreicht der Welpe einen immensen Zuwachs an Erfahrung auf allen Gebieten; so viel wie jetzt und so schnell wie jetzt lernt er nie

mehr im Leben. Alle Eindrücke, die er aufnimmt, wirken sich darauf aus, wie und was er später und lebenslang weiterlernt. Und natürlich entscheidet sich in dieser Zeit auch, wie sich seine Beziehung zum Menschen gestaltet.

Es soll nun nicht den ganzen Tag am kleinen Hund herumerzogen werden. Aber es werden sich so viele Gelegenheiten ergeben, in denen Sie wie selbstverständlich das eine Verhalten des Hundes fördern und das andere ignorieren können, dass Sie sie unbedingt nutzen sollten. Das geht im Grunde wie nebenbei. In Welpengruppen wird der Rückruf ebenfalls oft schon gelernt, und mit dem kleinen Hund in eine Hundeschule zu gehen kann nur gut sein – zur Unterstützung und als Ergänzung, nicht als Ersatz. Behalten Sie Ihren Welpen im Blick, aber sehen Sie sich trotzdem nicht ständig nach ihm um und schenken ihm nicht dauerhaft Ihre Beachtung. Gehen Sie Ihrem gewohnten Tagesablauf nach, und auch der Welpe soll allein bleiben und alleine seine Umgebung erkunden, solange er nichts anstellt. Und natürlich berücksichtigen Sie, dass er noch sehr viel Ruhe braucht. Sie übermüden und überfordern ihn also nicht, indem Sie üben, üben, üben. Es geht immer nur um kurze, gut abgepasste Situationen, in denen Sie das Herankommen trainieren.

Erste Regeln für den Rückruf

1. Rufen Sie den Hund nicht, wenn er bereits bei Ihnen ist, sondern sobald er die ersten Schritte auf Sie zumacht.
2. Rufen Sie ihn aber auch nicht zu früh, also noch nicht, wenn er nur aufmerksam wird und aufsieht.
3. Rufen Sie immer nur einmal, der Hund soll nicht lernen, dass mehrfaches Rufen das Signal ist.
4. Rufen Sie den Hund nicht heran, wenn schon abzusehen ist, dass er sowieso nicht kommt. Dann rufen Sie ins Leere, und er lernt das Nichtkommen.
5. Rufen Sie immer mit demselben Hörzeichen.
6. Rufen Sie mit aufmunternder Stimme.
7. Rufen Sie nie drohend, wie die Situation auch sein mag.
8. Verknüpfen Sie das Signal nicht mit anderen Hörzeichen, rufen Sie dem Hund, der gerade auf dem Weg zu Ihnen ist, also zum Beispiel kein „Sitz" zu. Ziel ist ja, dass er ohne Umwege und Unterbrechungen kommen soll.
9. Wenn der Hund auf Ihren Ruf gekommen ist, lassen Sie ihn nicht gleich anschließend etwas Neues machen, abgesehen vom Freigeben durch ein „Lauf".

Nachlaufen ist nicht Kommen

Ein Welpe, der neu ins Haus kommt, hat zuerst nichts anderes im Sinn als sich an seinem Menschen zu orientieren. Er sieht sich von einem Tag auf den anderen einer ganz neuen Situation gegenüber. Hunde sind anpassungsfähig. Der Welpe findet sich bald zurecht und weiß schnell, wer ab sofort zu seiner Gruppe

gehört. Er will sich anschließen, und er will folgen.

Dass der kleine Hund folgen will, schließt ein, dass er Ihnen häufig nachläuft. Am Anfang vielleicht mehr als Ihnen lieb ist, da könnte es sogar lästig werden. Heftet er sich immer wieder an Ihre Fersen und folgt Ihnen, ohne dass Sie ihn auffordern, zeigen Sie trotzdem keine Abwehr.

Aber wozu dann noch „Hier" sagen? Das scheint doch nur sinnvoll zu sein, wenn der Hund sich in einiger Entfernung aufhält. Es bietet sich an, zugleich mit dem Kommen auch das Bleiben zu üben. Beides gehört und passt zusammen, und beides kann der Welpe gleichermaßen früh lernen, auch das Bleiben, das ja die Entfernung von der menschlichen Bezugsperson bedeutet. Es ist für Welpen zuerst auch schwieriger als das Herankommen.

„Bleib" üben

Nutzen Sie ein Verhalten, das der Hund
schon von sich aus zeigt, wenn er Ihnen
nachläuft:

> Bleibt er in dem Moment stehen, in
dem Sie stehen bleiben, oder setzt er sich
hin, gehen Sie zuerst langsam nur einen
Schritt zurück.

> Wenn er auch nur für eine Sekunde
an dieser Stelle verharrt, sagen Sie
„Bleib" und geben Sie ihm zusätzlich ein
Handzeichen, etwa eine Stoppgeste.

> Dann gehen Sie sehr schnell den
einen Schritt zu ihm zurück, loben und
belohnen ihn.

Zu bleiben fällt da schon etwas schwerer.

Bereit zu folgen ist der Welpe fast immer.

Was „Bleib" bedeutet „Bleib" heißt,
dass Ihr Hund an Ort und Stelle auf Sie
warten soll, bis Sie wieder bei ihm sind.
Darum auch: Kommen Sie in dieser
Lernphase nicht auf die Idee, an das
„Bleib" ein „Hier" zu binden. Ihr Hund
soll die ganze Zeit – und zunächst geht
es nur um kürzeste Distanzen und Sekunden – an seinem Platz bleiben. Das
„Bleib" müssen Sie jedes Mal mit einem
neuen Kommando wieder aufheben,
etwa mit „Lauf" oder „Frei".
Mit der Zeit steigern Sie die Entfernung,
aber immer erst dann, wenn es auf die
kürzere Distanz bereits gut geht.

Das Herankommen kann schon ganz früh gelernt werden. Es ist freundlich...

Erstes Herankommen

Oft hat der Züchter das Herankommen mit den Welpen schon in Verbindung mit der Fütterung eingeübt. Das Klappern mit den Schüsseln, ohne dass ein Hörzeichen gerufen wird, ist vergleichbar mit dem Glockenton aus Pawlows Experiment. Es ist aber kaum ein wiedererkennbares Signal für den Hund geworden, zum Menschen zu laufen. Sie können das Schüsselklappern zum Füttern beibehalten oder einführen. Aber das Lernen des Herankommens muss auf alle anderen Lebensbereiche übertragen werden.

Herankommen ist kein Spiel

Je früher das Herankommen als einfach erforderlich eingeübt wird, desto verlässlicher stabilisiert es sich. Der Welpe lernt, dass es kein Spiel ist, sondern dass da von ihm etwas erwartet wird, auf freundliche Art, aber immer ernst gemeint. Diesen Anspruch, vom Hund ernst genommen zu werden, vom ersten Tag an beim Welpen durchzusetzen, ist als eine Art von Investition auf die Zukunft hin zu sehen. Es gilt nicht nur beim Rückruf, aber dabei wird es besonders deutlich. Den Rückruf zuerst als Spiel anzulegen mit der Absicht, dem

… aber immer ernst gemeint! Es ist kein Spiel.

älter werdenden Hund dann schon klar-
zumachen, dass es beim „Hier" keine
Kompromisse geben kann, wird kaum
funktionieren.

Deshalb ist es auch wichtig, darauf zu
achten, dass die Stimmung nicht kippt,
wenn der Welpe nach dem Ruf nicht
kommt und Sie ihn abholen müssen.
Was dann nicht selten passiert, ist Fol-
gendes: Der Welpe sieht Sie kommen, er
rennt weg, bleibt stehen, lässt Sie wieder
herankommen und rennt wieder weg.
Er muss aber merken, dass keine lustige
Unternehmung beginnt und kein Fang-
spiel zu erwarten ist.

Leine: ja oder nein?

Darin gehen die Meinungen und Methoden auseinander, was denn nun besser
ist beim Erlernen des Rückrufs: mit oder
ohne die lange Leine? Einige Hundetrainer empfehlen, die lange Leine einzusetzen, bis der Hund gelernt hat, sich
an seinem Menschen zu orientieren und
auf den Rückruf schnell und sicher zu
reagieren. Auch in den diversen Hundeschulen wird das unterschiedlich ge-
handhabt.

Entscheiden Sie selbst

Es liegt in Ihrem Ermessen und an Ihrem
Grad der Sicherheit: In letzter Instanz
entscheiden Sie, ob Sie für das Training
beim Rückruf die Schleppleine einsetzen
oder darauf verzichten wollen, zum
Beispiel weil Sie Ihren Hund von Wel-
penbeinen an haben und er gleich seine
Folgebereitschaft zeigt. Oder weil Sie
einen Hund haben, der schon von sich
aus auf Sie achtet und in Ihrer Nähe
bleibt, der Ihnen folgt, ohne dass Sie ihn
auffordern.

Sollten Sie sich für das Lernen mit langer
Leine entscheiden: Nicht geeignet sind
Automatikleinen, die sich selbst aufrol-
len. Einerseits geben sie so leicht nach,
dass der Hund merkt, er kann ziehen;
andererseits spürt er sie immer als
Zug und Widerstand am Halsband oder

Brustgeschirr, und er setzt wiederum Druck dagegen. Anders sieht es mit der Schleppleine aus, die locker durchhängt oder am Boden schleift.

Die Schleppleine

Die lange Leine oder Schleppleine (auch Feld-, Fährten- oder Freilaufleine) gibt es aus diversen Materialien. Wählen Sie eine leichte, dünne Leine, die gut in der Hand liegt, nicht nass und schwer wird und eine möglichst glatte Oberfläche hat, sodass sie nicht überall hängen bleibt.

Was spricht für die lange Leine? Mit dem „Hier" verknüpft der Hund ja nicht das, was wir damit meinen. Es kann für ihn auch heißen: „Essen ist fertig", „Es gibt ein Leckerchen!", oder: „Lauf los", oder es ist in seinen Ohren nur ein Ausschnitt aus dem allgemeinen Wortwust, wie ihn Menschen so von sich geben und der beim Hund nur als „Blablabla" ankommt. Nichts garantiert, dass der Hund daraufhin herankommt, auch wenn er sich zunächst auf den Weg gemacht hat. Er kann jetzt gut die Erfahrung machen, dass er auf das „Hier" nicht reagieren muss, denn es bleibt ohne Folgen, wenn er nicht kommt. Im Gegenteil, er findet viel spannendere Dinge, während das „Hier" als Hintergrundmusik spielt und auf diese Weise bedeutunglos wird, vor

Kein Heranziehen

Wenn Sie den Hund an der langen Leine führen, zerren und reißen Sie nicht immer wieder daran, und vor allem kommen Sie nicht auf die Idee, Ihren Hund an der Leine zu sich heranzuziehen. Auf diese Weise lernt er das Herankommen nicht, auch wenn Sie dazu ein freundliches „Hier" sagen und ihm ein Leckerchen geben, sobald Sie ihn wie einen Fisch an der Angel zu sich herangezogen haben. Das Lernen muss ein aktiver Vorgang sein.

nutzen können. Das Prinzip ist wie bereits beschrieben, immer gleich:

1. Aufmerksamkeit erreichen durch ein Geräusch oder den Hundenamen, dann
2. die Aufmerksamkeit abwarten,
3. bei den ersten Schritten des Hundes „Hier!" rufen und
4. sofort loben und belohnen, wenn er angekommen ist.

Sie können beim dritten Schritt Ihren Hund bestärken, auf dem Weg zu Ihnen zu bleiben, wenn Sie ihm die Belohnung, zum Beispiel ein Leckerchen oder ein Spielzeug, zeigen.

Die folgenden Grundsätze beim Üben sind dabei wichtig:

allem, wenn Sie es mehrere Male nacheinander rufen. Mit der Leine haben Sie noch immer die Möglichkeit, auf den Hund einzuwirken, ihn etwa davor zu bewahren, in gefährliche Situationen zu geraten – quasi als Notbremse.

Ohne Leine zu üben heißt, ein Hilfsmittel weniger einzusetzen, was ein Vorteil ist. Es setzt aber größere Sicherheit voraus.

Üben im Haus

Sie können im Haus ohne Leine ganz entspannt mit dem Welpen üben. Es ergeben sich beim Zusammensein zahlreiche Situationen, die Sie für das tägliche kurze Üben abwarten und aus-

Die lange Leine ist ein Hilfsmittel, auch auf Entfernung auf den Hund einzuwirken, etwa um Aktionen rechtzeitig zu stoppen.

Im Haus zu üben, bietet sich immer wieder an.

Dem Hund ein Spielzeug zu zeigen…

Richtig üben Schritt für Schritt

1. Zuerst bleiben Sie bei diesen Übungen stehen oder setzen oder hocken sich auf den Boden.

2. Dann bewegen Sie sich langsam rückwärts, wobei Sie den Welpen weiterhin anschauen. Zuerst gehen Sie immer nur einen Schritt.

3. Gehen Sie nun drei, vier Schritte, bevor Sie stehen bleiben. Schätzen Sie gut ein, wie viele Schritte Sie zurückgehen können, bevor Ihr kleiner Hund unaufmerksam wird.

4. Schließlich entfernen Sie sich, indem Sie sich umdrehen und weggehen. Am Anfang auch nur einen Schritt, dann auf mehrere Schritte ausgedehnt.

5. Gehen Sie um Stühle oder um einen Tisch herum.

6. Im Lauf der Zeit wird bei diesen Übungen die Distanz zwischen Ihnen und dem Hund vergrößert, aber immer erst dann, wenn es über die kürzeren Strecken schon geklappt hat.

7. Verlassen Sie schließlich den Raum und rufen Sie den Hund. In dieser Situation können Sie zwar nicht wissen, ob er wirklich aufhorcht. Da kommt es auf den Versuch an. Hören Sie ihn nicht herantapsen, rufen Sie kein zweites Mal.

8. Üben Sie auch mit einem Helfer: Sie entfernen sich, indem Sie rückwärtsgehen, während der Helfer den Hund zuerst noch festhält.

9. Auch dabei werden die Entfernungen und die Zeitdauer, in denen der Hund zurückgehalten wird, allmählich gesteigert.

... erhöht seine Bereitschaft heranzukommen.

Üben unter Ablenkung im Haus

Alle genannten Übungen erschweren Sie für den Welpen nach und nach, indem Sie die eine oder andere Ablenkung einbauen. Sie müssen die jeweils vorangegangene Übung zunächst wie vom Hund erwartet hinter sich gebracht haben, bevor der ablenkende Reiz gesteigert wird.

Ablenkungsmanöver könnten sein

> Sie legen ein Spielzeug oder ein Leckerchen ein Stück entfernt neben sich auf den Boden.

> Oder Sie legen es genau auf die Strecke, die der Hund zu Ihnen zurücklegt. Das ist eine schwierige Variante!

> Ein Helfer hockt am Boden und beschäftigt sich mit einem Spielzeug oder hat ein Leckerchen in der Hand.

> Er wirft ein Leckerchen oder einen Ball in eine andere Richtung, gerade wenn der Hund auf Sie zuläuft.

> Er raschelt aus einer Zimmerecke mit einer Tüte oder klappert mit einer Schüssel. Es muss ein interessantes Geräusch sein.

Kurzes Training, lange Pausen

Mehr als dreimal hintereinander sollten Sie mit dem Welpen das Herankommen nicht üben. Warten Sie nicht, bis er müde wird oder das Interesse anderen Dingen zuwendet. Aber üben Sie das Herankommen über den Tag verteilt, immer mal wieder, etwa fünf- bis sechsmal mit wechselnd langen Pausen dazwischen. Es kommt ja noch anderes an Sozialisierung und Erziehung und das Üben auf Spaziergängen hinzu.

Kommt er jetzt auch? Der Garten ist ein gutes Übungsgelände.

Allein im Garten

Ein rundum eingezäunter Garten bietet sich als gutes Übungsgelände an, gerade wenn Sie den Rückruf ohne Leine trainieren. Hier haben Sie die Möglichkeit,

wie auf einem Hundeplatz, alle Übungen aus dem Haus nach draußen zu verlegen. Wenn Sie grundsätzlich mit der langen Leine üben, muss sie auch im Garten zum Einsatz kommen, genau wie auf Spaziergängen.

Nicht zu empfehlen ist, den Welpen ohne Leine hinauszuschicken und sich selbst zu überlassen. Abgesehen davon, dass er dort unbeaufsichtigt die Gelegenheit hat, etwas zu tun, was Sie gar nicht gut finden, etwa Blumenbeete umgraben, könnten Sie auch Probleme bekommen, wenn Sie ihn wieder ins Haus locken. Das „Hier" kennt er noch nicht, also sollten Sie es auch nicht auf gut Glück rufen. Gehen Sie in dieser Situation ganz gelassen, eher langsam zu ihm, ohne ihn direkt anzusehen und ohne bedrohlich zu wirken. Und schleichen Sie sich nicht von hinten an ihn heran! Holen Sie Ihren kleinen Hund ohne Kommentare ab: Leinen Sie ihn an und führen Sie ihn zurück. Den Versuch, ihn einzufangen, wenn er in dieser Situation wegläuft, könnte er als Spiel ansehen (siehe Seite 38). Und hat er einmal so eine Erfahrung gemacht, was schnell geht, weil es ihm sicher viel Spaß macht, ist es nicht leicht, ihm dieses Verhalten wieder abzugewöhnen. Gehen Sie also in der ersten Zeit nur zusammen mit dem Hund hinaus.

Orientierung
am Menschen

Raus aus dem Haus

Wenn das Herankommen im Haus auch gut klappt, lässt es sich dennoch nicht auf die Situation draußen übertragen. Dort sind die Bedingungen wieder völlig andere. Das Üben im Haus und auf Spaziergängen läuft parallel. Es ist nicht so, dass Sie zuerst das Herankommen im Haus üben und dafür die Spaziergänge als Freizeit ansehen.

Erst wird der Hund herangerufen...

...dann wird nach dem Halsband gegriffen –

Wollen Sie ohne Leine üben, sollte die Distanz zum Hund beim Training vor allem am Anfang eher gering sein. Dann üben Sie, wenn er nicht mehr als etwa einen Meter von Ihnen entfernt ist.

Misserfolge sollten vermieden werden, das heißt: Der Welpe sollte nicht weg-rennen. Auch wenn da gern argumen-tiert wird, schnell sei er ja nicht und zur Not könne man ihn jederzeit wieder einfangen. Das mag stimmen, aber es kommt ja darauf an, dass der Hund den Rückruf lernen soll, und die Voraussetzung dafür ist, dass er sich an seinen Menschen hält. Wie soll das gelingen, wenn es im Falle des Wegrennens genau umgekehrt abläuft und sich der Mensch an seinen Welpen halten muss? Es kommt aber kaum vor, dass ein kleiner Welpe nicht in der Nähe seines Men-

und zwar von unten oder von der Seite.

schen bleibt. Welpen bis zu einem bestimmten Alter passen meistens schon gut auf, wo sich ihr Mensch aufhält, und sie richten sich danach, denn sie werden nicht gern von ihrer Gruppe getrennt.

Regeln fürs Üben

> Gehen Sie in der ersten Zeit mit dem Welpen in eine Umgebung, die er nicht kennt, also nicht die tägliche Gassirunde.

> Gehen Sie in ein Gebiet, in dem keine Autos fahren und in dem keine Ablenkungen zu erwarten sind.

> Es sollte ein Gebiet sein, das Sie auf kurzem Weg erreichen können, wenn Sie sich dorthin zu Fuß auf den Weg machen.

> Wechseln Sie die Umgebung. Das ist nicht täglich notwendig, es könnte aber dann sinnvoll sein, wenn Sie schon einige Male an derselben Stelle geübt haben.

> Dehnen Sie diese Lernspaziergänge zeitlich nicht zu sehr aus, gehen Sie lieber drei- bis viermal täglich nur für jeweils zehn bis höchstens fünfzehn Minuten.

> Packen Sie genügend Leckerchen ein und halten Sie sie beim Üben immer bereit.

> Ist der Welpe nach dem „Hier" bei Ihnen angelangt, fassen Sie locker an sein Halsband, während Sie ihm die Belohnung zustecken, nur nicht von oben, das könnte bedrohlich wirken, sondern von der Seite oder von unten. Halten Sie es einen Moment lang fest, lassen Sie wieder los und sagen „Lauf". So lernt der Welpe nebenbei, dass er auch draußen nicht selbst entscheidet, wann er wieder losrennen darf.

Wichtiger Ortswechsel

Der Hund schließt die Situation – dazu gehören: die Umgebung, die Zeit, die Stimmung, die Geräusche und andere Umweltbedingungen – in den Lernvorgang ein. Eine Generalisierung, also die Übertragung auf andere Situationen, stellt sich erst nach und nach ein. Sollte der Welpe aber ein einziges Mal eine richtig unangenehme Erfahrung machen, wenn Sie in einem bestimmten Umfeld üben, und zeigt er daraufhin Unsicherheit, brechen Sie dort gleich ab, wechseln Sie den Ort und üben Sie nach einer Pause an anderer Stelle weiter.

Regeln für die lange Leine

> Kommt der Welpe draußen an die lange Leine, muss sie seiner Größe angepasst sein, für Welpen mittelgroßer Rassen sind zehn Meter völlig ausreichend.

> Lernen Sie das sichere Hantieren mit der Schleppleine und achten Sie immer darauf, wo sie liegt. Vor allem, wenn Sie auf die Leine treten, vergewissern Sie sich, dass sie nicht gerade um ein Hundebein gewickelt ist.

> Lernen Sie die acht oder zehn oder fünfzehn Meter der Leine abzuschätzen, und überschreiten Sie diese Strecke nicht, wenn der Hund Ihnen nicht folgt.

> Achten Sie darauf, dass die Leine nicht zur Stolperfalle für Fußgänger oder Radfahrer wird.

> Lassen Sie den Welpen nicht an der Schleppleine mit anderen Hunden toben.

> Das Wichtigste ist bei allen Übungen an der langen Leine: Sollte sich Ihr Hund, quasi in letzter Sekunde, entschlossen haben, Ihnen doch gerade noch zu folgen, darf es auf keinen Fall einen Ruck an der Leine geben!

Aufmerksamkeit üben

Bei diesen Übungen geht es nicht darum, den Rückruf zu trainieren, sondern um die Voraussetzungen: Ihr Hund soll auf diese Weise früh lernen, dass er sich nach Ihnen zu richten hat – und nicht umgekehrt!

Die Aufmerksamkeit des Hundes gilt dem Menschen.

Wenn Sie sich immer wieder nach ihm umsehen, besorgt warten, ob er Ihnen auch folgt, erfährt er: Sie passen schon auf, dass er den Anschluss nicht verliert, er muss sich nicht an Ihnen orientieren. Gehen Sie also einfach Ihren Weg, und er wird sehr bald merken, dass er Ihnen folgen muss! Das ist durchaus auch ohne Leine möglich.

Diese Übungen können Sie zusätzlich zum Rückruf trainieren und, ganz unabhängig davon, zwei oder drei Mal am Tag. Nicole Hoefs und Petra Führmann („Das Kosmos-Erziehungsprogramm für Hunde") nennen sie „stumme Richtungswechsel" und bauen sie ausschließlich an der langen Leine auf.

Der Mensch achtet nur wenig auf seinen Hund.

„Stumme Richtungswechsel"
Erster Schritt

Sie haben Ihren Hund an der langen Leine, die Leinenschlaufe in der Hand, für den Anfang nehmen Sie kurz und wahrnehmbar Blickkontakt zu ihm auf und gehen dann los. Nicht langsam, sondern durchaus in zügigem Tempo und ohne etwas zu sagen. Gehen Sie so, wie Sie auch ohne Hund gehen würden. Gehen Sie zuerst ein Stück geradeaus, biegen Sie danach auf einer gedachten Linie in einem Winkel ab oder, wenn Sie an eine Kreuzung kommen, schlagen Sie einen anderen Weg ein. Bei jedem dieser Richtungswechsel bleiben Sie still, sagen gar nichts, auch nicht „Hier", und sehen

Herankommen wird immer gleich bestätigt.

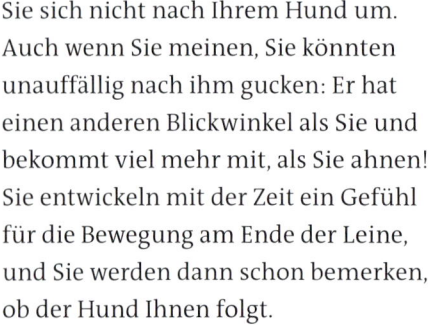

Der Mensch geht voraus, ohne sich nach dem Hund umzusehen.

Und er wechselt die Richtung, ohne etwas zu sagen.

Sie sich nicht nach Ihrem Hund um. Auch wenn Sie meinen, Sie könnten unauffällig nach ihm gucken: Er hat einen anderen Blickwinkel als Sie und bekommt viel mehr mit, als Sie ahnen! Sie entwickeln mit der Zeit ein Gefühl für die Bewegung am Ende der Leine, und Sie werden dann schon bemerken, ob der Hund Ihnen folgt.

Rennt Ihr Hund munter in der Richtung weiter, die Sie bisher gegangen sind, bleiben Sie stehen und wenden Sie dem Hund dabei nur den Rücken zu. Bleiben Sie so lange stehen, bis Sie registrieren: Er läuft jetzt wieder in Ihre Richtung. Sobald er sich in Bewegung setzt, gehen Sie weiter und biegen bald wieder ab, alles immer noch völlig kommentarlos. Das machen Sie auf jedem Spaziergang so, einige Male nacheinander. Mit der

Zeit und wenn Sie es konsequent üben, wird sich bei Ihrem Hund ein Lernfortschritt einstellen, denn er begreift, worauf es ankommt – nämlich darauf, auf Sie und Ihren Weg zu achten. Er macht die Wendungen immer früher und eifriger mit. Bis dahin wird sich die Leine sicher einige Male straffen.

Haben Sie diese Übung in reizarmer Umgebung mit wachsender Sicherheit hinter sich gebracht, machen Sie es Ihrem Hund nach und nach etwas schwerer – rennen Sie doch mal spontan los oder verhalten sich auf andere Weise ungewohnt! Gehen Sie dann allmählich zum Üben unter Ablenkung über, suchen Sie die ablenkenden Außenreize ganz gezielt. Steigern Sie einen Schwierigkeitsgrad immer erst dann, wenn der vorangegangene gut bewältigt worden ist.

Zweiter Schritt

Dafür suchen Sie am besten eine Wiese oder eine andere gut zu überblickende Fläche auf, die abseits und ruhig gelegen ist, die vor allem nicht von anderen Menschen mit Hunden besucht wird. Wieder das gleiche Bild: Der Hund ist an der langen Leine und Sie gehen zügig los, ohne Worte und Blicke. Gehen Sie einfach so lange weiter, wie er Ihnen folgt, aber nicht mehr als etwa zwanzig bis höchstens dreißig Meter. Dann bleiben Sie stehen, ohne sich nach dem Hund umzudrehen. Kommt er zu Ihnen, beachten Sie ihn nicht, sondern gehen gleich in einer anderen Richtung weiter, und der Ablauf wiederholt sich.

Haben Sie das dritte Mal die Richtung gewechselt und ist der Hund wieder bei Ihnen angelangt, wird er gelobt und bekommt eine Belohnung.
Auch dieser Schritt erfolgt dann unter allmählich gesteigerter Ablenkung.

Dritter Schritt

Er verläuft wie der zweite Schritt. Wieder gehen Sie los, drehen und sehen sich nicht um, achten aber sehr genau darauf, ob der Hund Ihnen folgt. Wenn er das auch nur ansatzweise macht, rufen Sie sofort einmal „Hier" und gehen weiter. Hat der Hund Sie erreicht, loben Sie ihn und geben ihm seine verdiente Belohnung.

Der Hund folgt bei den Richtungswechseln seinem Menschen immer aufmerksamer.

Klappt das schon in den weitaus meisten Fällen, können Sie die lange Leine schließlich fallen lassen, sodass der Hund sie hinter sich herzieht. Das wird er schnell merken. Er soll sich nach Möglichkeit nicht so weit entfernen, dass Sie keine Gelegenheit mehr haben, in bestimmten Situationen auf das Ende der Leine zu treten. Wenn Sie so weit gekommen sind, dass Sie mit schleifender Leine spazieren gehen können, ist es in der Anfangszeit besser, die Leine zunächst wieder aufzunehmen, bevor Sie den Hund zu sich heranrufen wollen.

Noch ist die lange Leine aufgenommen.

Ablenkungen

Nachdem Sie mit dem Üben an einem ruhigen Ort begonnen haben, kommen wir nun zum nächsten Schritt: Wie sehen die Ablenkungen aus, unter denen Ihr Hund den Rückruf mit oder ohne Leine lernen soll?

Beginnen Sie mit einer ganz leichten Ablenkung, und wenn es nur Spaziergänger in der Ferne sind. Steigern Sie den Grad über mittelschwer bis schwer, nur nie zu früh. Denn was im Nahbereich nicht klappt, klappt über die Entfernung schon gar nicht. Die größte Ablenkung für fast alle Hunde sind wohl andere Hunde, aber auch Menschen, die sich interessant oder seltsam verhalten, Mäuse im Gras oder Kaninchen und andere Wildtiere. Wie reagiert Ihr Hund auf die ablenkenden Reize? Wie weit lässt er sich davon beeinflussen? Erst wenn Ihr Hund auf einer Stufe Sicherheit zeigt, nehmen Sie sich die nächste vor.

Mögliche Steigerungen

> Sie bleiben zunächst am reizarmen Ort und haben mit einem Freund/einer Freundin verabredet, dass sie oder er in dieser Zeit vorbeikommt, zuerst zu Fuß und langsam, ein anderes Mal beim Laufen, vielleicht noch mit Stöcken beim Nordic Walking, schließlich auch auf dem Fahrrad.

> Sie suchen eine andere Umgebung auf, in der auch andere Spaziergänger unterwegs sind.

Bei der Ablenkung wird sie fallen gelassen.

Geht der Hund auf die Ablenkung ein?

> Sie platzieren unauffällig etwas am Wegrand, ein Spielzeug oder einen anderen interessanten Gegenstand.

> Sie bleiben in der bekannten Umgebung und bitten Freunde mit Hund(en), ebenfalls dorthin zu kommen.

> Sie üben mit dem Hund an einem Ort, an dem auch andere Hunde ausgeführt werden, allerdings nicht gleich zu viele, also gehen Sie nicht gerade auf eine Hundewiese, auf der getobt und gespielt wird.

> Sie gehen mit Ihrem Hund in einen Wildpark oder Haustierpark. Da könnte ihm, so klein, wie er noch ist, eine Lektion fürs Leben erteilt werden: Wenn ein Schaf mit dem Vorderbein aufstampft oder Damwild in Bewegung gerät oder eine Ziege bedrohlich den Kopf senkt, hat das auf kleine Hunde oft eine große Wirkung!

> Machen Sie sich nicht nur am Tag, sondern auch in der Dämmerung oder Dunkelheit auf den Weg und üben dann. Zur Sicherheit ist in diesem Fall aber die Leine angebracht.

Grundsätzlich gilt für alle Ablenkungen: Solange Ihr Hund darauf eher gelassen reagiert oder sie gar nicht wahrnimmt, tun auch Sie so, als sei daran überhaupt nichts Besonderes. Bleiben Sie also nicht stehen und verhalten sich abwartend oder beunruhigt. Damit würden Sie Ihren Hund nur darauf hinweisen, dass da etwas sein könnte.

Es klappt – und weiter?

Haben Sie mit der langen Leine trainiert, ist Ihr Hund bereits zuverlässig und nicht nur zufällig gekommen, dann ist nach allen Trockenübungen irgendwann der Sprung ins kalte Wasser unvermeidlich.

Die lange Leine wird fallen gelassen, der Mensch geht vor, ohne sich umzusehen, und ruft nach dem Hund. Folgt er, darf sich die Leine nicht straffen.

Wie sehen die nächsten Schritte aus? Der Hund soll doch endlich ohne Leine laufen! Davor könnten Sie noch diese Übungen setzen.

An der Schleppleine rufen
Erster Schritt

Nehmen Sie die Schlaufe der Schleppleine in die Hand, wickeln Sie den größten Teil auf und halten Sie ihn locker in der anderen Hand. Ihr Hund ist nicht abgelenkt, aber er achtet auch gerade nicht auf Sie und läuft vor. Geben Sie ihm einige Meter Leine, dann lassen Sie den aufgewickelten Teil fallen und gehen in die andere Richtung. Rufen Sie dabei

seinen Namen, schließen Sie „Hier" an, unbedingt nur einmal, auch wenn er Ihnen nicht folgt. Jetzt kommt es auf Ihre genaue Reaktion an: Bleiben Sie stehen und folgt Ihr Hund Ihnen nicht, wird sich die Leine straffen. Den Impuls, den er dabei über die Leine erhält, darf er, wie erwähnt, auf keinen Fall spüren, wenn er Ihnen doch noch folgt! (Es ist ein leichter Ruck, und der ist nicht zu verwechseln mit dem Leinenruck als Erziehungsmethode.) Drehen Sie sich nicht um, warten Sie, bis Ihr Hund kommt, und wenn er bei Ihnen ist, loben und belohnen Sie ihn.

Zweiter Schritt

Wieder nehmen Sie die Leinenschlaufe in die eine und den aufgerollten Teil in die andere Hand. Gehen Sie los und warten Sie auf dem Weg eine Stelle ab, an der Sie die Möglichkeit haben, sich zu verstecken. Achtet Ihr Hund nicht auf Sie, lassen Sie den aufgewickelten Teil der Leine fallen, behalten die Schlaufe in der Hand und verschwinden so unauffällig wie möglich hinter einem Baum oder Holzstoß. Sie rufen nicht nach dem Hund. Er bekommt wieder den Impuls durch die Leine, und dann wird es ihn irritieren, dass sie nicht mehr da sind. Es gibt kaum einen Hund, der daraufhin nicht schleunigst herankommt.

Aus dem Versteck wird der Hund herangerufen.

Wo ist der Mensch geblieben?

Dritter Schritt

Der Ablauf ist wie bei der vorangegangenen Übung. Aber jetzt behalten Sie die Leinenschlaufe nicht in der Hand, sondern lassen die Leine ganz fallen. Haben Sie sich versteckt, rufen Sie nach Ihrem Hund. Im Blick behalten müssen Sie ihn. Sucht er Sie in der richtigen Richtung, verharren Sie im Versteck und freuen sich, wenn er Sie gefunden hat. Sucht er nicht, sondern setzt sich hin oder macht etwas anderes oder läuft er sogar in die falsche Richtung, kommen Sie zum Vorschein und machen ihn wieder auf sich aufmerksam.

Der Übergang zum Laufen ohne Leine

Als Übergang zum freien Laufen befestigen Sie in der ersten Zeit die lange Leine noch am Halsband des Hundes und lassen sie über den Boden schleifen. Um die ersten Male mit schleifender Leine

zu üben, kehren Sie wieder an die abgelegenen Orte zurück, an denen Sie angefangen haben. Danach folgt die Phase der Ablenkungen.

> Wann immer Sie leinenlos unterwegs sind, rufen Sie ohne Grund ab und zu ein knappes „Hier", drehen sich um und gehen schnell weg. In der ersten Zeit immer, wenn Ihr Hund Sie ansieht.

> In der folgenden Zeit rufen Sie auch nach ihm, wenn er abgelenkt ist. Zuerst rufen Sie ihn aus Situationen heraus, die für ihn eine weniger große Ablenkung bedeuten, später aus den schwierigeren Situationen, etwa aus dem Spiel mit anderen Hunden. Das sind dann wirklich die Übungen für fortgeschrittene Hunde.

Der Alarmpfiff

Schon früh sollte Ihr Hund ein Signal lernen, das später nur in Ausnahmesituationen eingesetzt wird.

Hat der Hund den Menschen gefunden, ist das Belohnung genug.

Astrid Lutz von der Hundeschule Berlin-Brandenburg übt dieses Signal mit einem markanten Pfiff ein, und zwar zunächst über positive, dann über negative Konditionierung. Sie verknüpft den Pfiff mit einer beeindruckend angenehmen Erfahrung, die auf den Hund unwiderstehlich wirkt: Es gibt in dieser Situation den Jackpot, die ultimative Belohnung, auf die der Hund, salopp gesagt, so tierisch abfährt, dass er dafür alles stehen und liegen lässt und heranrast!

Schritt 1 – positive Konditionierung

Die positive Konditionierung beginnt Astrid Lutz mit dem Üben in reizarmer Umgebung, ideal ist es zu Hause. Etwa zwei Wochen lang und etwa alle drei Tage ertönt, völlig überraschend, der besondere Pfiff. Kommt der Welpe heran, gibt es mit überschwänglichem Lob die Belohnung. In der nächsten Phase geht es nach draußen in eine Umgebung ohne ablenkende Reize, und es wird in gleicher Weise ein bis zwei Wochen lang weitergeübt.

Schritt 2 – negative Konditionierung

Die negative Konditionierung beginnt ebenfalls in dieser Umgebung. Aber nun wird der Zeitpunkt abgewartet, in dem der Welpe beschäftigt ist und nicht auf seinen Menschen achtet. Dann kommt der Alarmpfiff! Jetzt müssen Sie warten, bis der Hund sich umdreht, und in diesem Augenblick rennen Sie auf und davon – und das auch noch mit der Belohnung. Der Pfiff ertönt jetzt noch einmal, und es gibt kaum einen Welpen, der daraufhin seinem Menschen nicht schnellstens folgt. Dafür gibt es den Jackpot! Trainiert wird über gesteigerte Distanzen und mit immer stärkeren ablenkenden Reizen.

Der Alarmpfiff ist sozusagen der last call oder vielmehr recall. Er wirkt bei vielen Hunden auch dann, wenn sie außer Sichtweite sein sollten. Besser ist es aber zu pfeifen, bevor sich der Hund so weit entfernt hat.

Möglich ist es auch, mit einem bestimmten Kommando oder Pfiff den Hund über eine weitere Entfernung ins „Platz" zu bringen.

Negative Absicherung

Der Rückruf gehört in der Hundeerziehung zu den Befehlen, die negativ abgesichert werden sollten. Der Hund muss zuvor verstanden haben, dass das Kommando „Hier" besagt, er soll zu seinem

Der Hund ist abgelenkt, der Mensch läuft weg.

Der Alarmpfiff ertönt, der Hund rennt hinterher.

Ist der Hund beim Menschen angekommen, gibt es als Belohnung diesmal die ganze Handvoll.

Menschen kommen. Den Ablauf der negativen Absicherung baut Hundetrainerin Heike Wagner aus Springe so auf: Nachdem das „Hier" wie üblich positiv erarbeitet, der Hund also darauf konditioniert wurde, wird bei ihm bewusst eine Befehlsverweigerung oder ein Fehlverhalten provoziert, das heißt, es wird für eine Ablenkung gesorgt, auf die der Hund sich mit größter Wahrscheinlichkeit einlässt, und genau in dieser Situation wird er gerufen.

Kommt er nicht, heißt es: Sofort hingehen und dem Hund entschieden klarmachen, dass sein Verhalten unerwünscht ist. Wie vehement das gemacht wird, hängt vom Hund ab. Bei einem genügt ein strenger Tonfall, beim anderen ist ein schärferes Zurechtweisen nötig. Kommt der Hund dem Menschen entgegen, wenn der gerade auf ihn zugeht, wird er nicht belohnt. Hat er den Hund korrigiert, geht der Mensch wieder weg und ruft ihn jetzt noch einmal. Wenn der Hund dann kommt, gibt es allerdings die Belohnung! Das wird unter erschwerten Bedingungen wiederholt. Dann werden die Provokationen beim Ablenkungsmanöver stärker. Die negative Absicherung ist eine Kontrolle dafür, wie sicher beim Hund der Rückruf wirklich sitzt.

Die Ablenkung auf dem Weg zum Menschen ist ein Napf mit Leckerchen. Kommt der Hund trotzdem?

Verfestigung

Es gibt verschiedene Wege, um das Herankommen zu verfestigen. Eine Möglichkeit ist es, den Hund, wenn er auf Rufen nicht herankommt, absichtlich auf Abstand zu halten. Das heißt, jetzt darf er nicht kommen – und damit wächst sein Wunsch danach! Ein anderer Weg läuft zum Beispiel über Verunsicherung. Das wird in manchen Hundeschulen praktiziert, und Sabine Ditterich von der Hundeschule HundeArtige Hannover geht dabei so vor, dass sie in den letzten Stunden eines Welpenkurses die Hunde bewusst verleitet.

> Dafür werden in einigem Abstand kleine Portionen mit Leckerchen ausgelegt, nicht weit entfernt vom Welpen.

> Er wird nun freigelassen, und er wird sich sicher gleich für diese Leckerchen interessieren, hinlaufen und anfangen zu fressen. Ihn in dieser Situation abrufen zu wollen, wäre müßig. Er käme nicht, denn er kann nicht beides gleichzeitig, fressen und auf das „Hier" hören.

> Sobald er sich aber anschickt, auch noch auf die nächste Portion zuzugehen, wird er zurückgerufen. Hört er, wird er belohnt. Hört er nicht, muss eine Irritation folgen, die ihn zu einem zumindest kurzen Innehalten bringt.

> In diesem Moment wird er sofort mit freundlicher Stimme und einladender Geste wieder herangerufen.

> Bei allen diesen Übungen ist ein durchdachter Aufbau dringend angesagt, denn der Hund muss aus jeder Verunsicherung wieder herausgeholt werden; genau zum richtigen Zeitpunkt muss ihm klargemacht werden, dass von seinem Menschen Sicherheit ausgeht oder der Kontakt wiederhergestellt wird.

Junghund

und erwachsener Hund

Hoppla, was ist jetzt los?
Erste Schwierigkeiten

Es kann sein, dass Sie mit Ihrem Welpen mit oder ohne die lange Leine einen schönen Erfolg haben, dass er sich als aufmerksam erweist und auf Ihr „Hier" auch jedes Mal herankommt.

Flegeljahre

Nicht wenige Welpen begreifen recht schnell, was da von Ihnen erwartet wird und wie sie sich zu verhalten haben. Es gibt natürlich individuelle Unterschiede, je nach Lerneifer und Fähigkeiten Ihres Hundes und abhängig von Ihrem Auf-
treten dem Hund gegenüber, und es lassen sich keine Voraussagen darüber machen, wie lange Sie üben müssen. Aber es gehört zu der normalen Entwicklung des Hundes, dass sich seine Unabhängigkeit mit der Zeit vergrößert, seine Sicherheit wird wachsen. Sein Folgetrieb

Der Hund ist abgelenkt und wird jetzt gerufen.

lässt nach, er kommt in die Pubertät, und jetzt kann es passieren, dass er bisherige Regeln infrage stellt und sogar dagegen rebelliert. Und dann kommt es zum ersten Mal dazu, dass er auf Ihr Rufen nicht reagiert.

Jetzt heißt es, einiges neu zu entscheiden. Haben Sie bis dahin das Laufen an schleifender langer Leine oder von Beginn an ganz ohne Leine praktiziert, kann es sich jetzt als notwendig erweisen, sämtliche Übungen noch einmal mit der langen Leine durchzuziehen, um sie aufzufrischen. Das dauert natürlich nicht mehr so lange wie beim grundlegenden Lernen. Spätestens jetzt greifen auch manche Hundetrainer zur langen Leine, wenn sie mit den Welpen bis dahin ohne geübt haben.

Stimmt Ihr Trainingsprogramm noch?

Überprüfen Sie noch einmal das Trainingsprogramm in den Einzelteilen, und zwar mit Blick vor allem auf Ihr eigenes Verhalten und dann erst auf das des Hundes: Haben Sie den Trainingsaufbau eingehalten? Wie steht es grundsätzlich um die Aufmerksamkeit Ihres Hundes auf Sie? Wann kommt er überhaupt? Hat er das Hörzeichen verstanden? Haben Sie in der Lernphase jedes Herankommen belohnt? Wie wirken Ihre Körpersprache und Ihre Stimme? Wenn alles keinen Erfolg hat, sollten Sie sich, um zu erkennen, worin die Ursachen für das Problem liegen, Rat von außen holen. In der Mensch-Hund-Beziehung ist immer zu bedenken, dass der Mensch selbst Bestandteil des Problems sein kann.

Kommt er heran? Oder rennt er vorbei?

Lässt sich der Hund aus der Ablenkung nicht herausrufen…

Leine los!

Die Entscheidung, ob und wann Ihr junger Hund ohne lange Leine laufen kann, liegt bei Ihnen. Gehen Sie aber nicht vom Trainieren mit der langen Leine von einem Tag auf den anderen auf Spaziergänge ganz ohne Leine über. Sie können auch nach jedem gesicherten Lernschritt von der Schleppleine ein Stück abschneiden, bis am Ende nur noch ein (je nach Größe des Hundes) etwa zehn Zentimeter langer Rest am Halsband hängt. Der Hund sollte in allen Übungssituationen eine so deutliche Orientierung an Ihnen gezeigt haben, dass es nicht mehr oder nur noch ganz selten so weit gekommen ist, dass die Leine nicht mehr durchhängt. Ihr Hund sollte sich nicht mehr oder nur kurz ablenken lassen und Ihnen von selbst folgen, wenn Sie die Richtung wechseln. Und wenn sich Ihr Hund bei starken oder bisher unbekannten Reizen doch einmal ablenken lässt: Damit müssen Sie ein Hundeleben lang rechnen! Dass er aber unter normalen Bedingungen und den aufgeführten Ablenkungssituationen Zuverlässigkeit an den Tag legt, ist Voraussetzung für den Freilauf. Wenn Sie selbst noch unsicher sind, verzichten Sie lieber nicht auf die Leine. Es ist besser, länger zu üben, weil durch die Sicherheit die anschließende Freiheit für den Hund umso größer ist.

Es klappt nicht …

… und es kommt zu Situationen, in denen der Hund partout nicht auf Sie hört.

> Versuchen Sie es zuerst immer damit, dass Sie sich einfach in die andere Richtung entfernen. Machen Sie Ihren Hund anfangs noch durch Trampeln beim Weggehen darauf aufmerksam, dass Sie im Begriff sind abzuhauen – ohne ihn.

> Wenn Sie Ernst machen und verschwunden sind, ist das für fast jeden Hund eine ungute Erfahrung, die er sich merken wird.

…geht der Mensch hin, ohne etwas zu sagen, leint ihn an…

…und führt ihn aus der Situation wieder heraus.

> Aus einer Ablenkung holen Sie ihn heraus, indem Sie ruhig zu ihm gehen und ihn ohne Kommentar anleinen. Ist er sowieso an der langen Leine, nehmen Sie sie auf und verkürzen sie bis auf einen Meter. Bewegen Sie sich danach zusammen mit dem angeleinten Hund aus der Einwirkung der Ablenkung heraus.

> Versuchen Sie, eine andere Ablenkung dagegenzusetzen, etwa indem Sie in die Hände klatschen.

> Bleibt das ohne Wirkung, könnte ein unerwartetes Geräusch auch für eine mehr oder weniger heftige Irritation beim Hund sorgen. Allerdings, darauf weist Bettina Bannes-Grewe von der Bad Bramstedter Hundeschule Hundeleben hin, je forscher der Mensch dabei vorgeht, desto wichtiger ist es, dass die Beziehung zwischen ihm und dem Hund stimmt. Sonst wird vielleicht das Gegenteil von dem erreicht, was angestrebt ist. Wie vorsichtig oder wie fordernd der Mensch auftreten kann, hängt natürlich

auch vom Hund ab. Der eine zuckt bereits bei einem strengen Blick zusammen, den anderen beeindruckt es erst, wenn ihm die Leine vor die Pfoten fällt.

Dumm gelaufen: Verknüpfungen

Ist Ihr Hund gekommen, soll er ja nicht sofort wieder losrennen, sondern noch kurz oder auch länger bei Ihnen verharren und auf Ihr Zeichen warten. Er sollte aber nicht angeleint werden, wenn es die Situation nicht erfordert. Macht er die Erfahrung, dass mit diesem „Hier" jedes Mal das freie Laufen auf dem Spaziergang beendet ist, wird er mit der Zeit immer lustloser angetrabt kommen.

Eine andere Verknüpfung, die sich bei Hunden schnell einstellt: Sie rufen ihn immer dann heran, wenn Sie eine drohende Gefahr sehen, etwa andere Hunde, Wild oder Jogger. Die entgeht dem Hund natürlich auch nicht; als Gefahr nimmt er sie allerdings nicht wahr, sondern eher als Herausforderung! Etliche Hunde lernen daraus: Immer wenn ich gerufen werde, ist etwas Spannendes zu erwarten. Sie peilen dann gern selbst erst die Lage.

Alles auf Anfang

Wenn Sie einen Hund haben, der in der frühen Lebensphase das Kommen nicht gelernt hat, werden Sie alles nachholen müssen, was er versäumt hat. Bei einem Welpen können Sie auch ohne lange Leine auskommen. Beim erwachsenen Hund, den Sie übernommen haben und noch nicht kennen, gibt es am Anfang keine Alternative: Er muss angeleint werden. Je nach seinen Erfahrungen kann es fatale Folgen haben, wenn Sie ihn gleich frei laufen lassen und er kommt nicht zurück.

Training für erwachsene Anfänger

Ihr Hund fängt also ganz von vorn an und muss zunächst die Zusammenhänge erkennen. Auch mit Verstärker? Ganz klar: Der Hund ist zwar erwachsen, aber er lernt neu, das heißt, es geht um neue Verknüpfungen im Gehirn. Dafür muss das erwünschte Verhalten, wie es die Theorie des operanten Lernens besagt, gerade in der Versuch-und-Irrtum-Phase jedes Mal mit einem Verstärker bestätigt werden. Ob das beim erwachsenen Hund Leckerchen sind, ob es ein Spielzeug ist oder ob er lieber zur Belohnung gestreichelt wird, müssen Sie in Erfahrung bringen.

Der Lerneffekt ist größer, wenn Sie einen verfressenen Hund haben, der sich von besonderen Leckerbissen begeistern lässt. Der Lerneifer eines gut gefütterten

Hundes oder eines Hundes, dessen Napf den ganzen Tag gefüllt ist, wird sich naturgemäß nicht sonderlich steigern lassen. Wollen Sie also üben, ist es am besten, wenn der Hund hungrig ist. Ist er aber zu hungrig, kann das auch kontraproduktiv sein, dann hat mancher Hund nichts anderes mehr im Sinn, als nach etwas Fressbarem zu suchen.

Es wird nicht selten unterschätzt, wie lange das Üben an der Schleppleine gerade bei einem erwachsenen Hund dauern kann. Vielleicht werden es zwölf Wochen, das wäre nicht ungewöhnlich. Es kann auch noch länger dauern, je nach Vorerfahrung Ihres Hundes. Es kann aber auch schneller gut gehen. Sie sollten das, was mit dem Welpen geübt wird, in gleicher Weise mit dem erwachsenen Hund üben, auch das Konditionieren auf den Alarmpfiff und immer die negative Absicherung.

Kommt er schon?

Wie finden Sie heraus, wie Ihr erwachsener Hund auf den Rückruf reagiert? Das zeigt sich wahrscheinlich bereits in der Wohnung. Befindet sich Ihr Hund in einem von Ihnen entfernteren Raum und Sie klappern mit der Futterschüssel: Was tut sich? Macht er sich schleunigst auf den Weg, wissen Sie wenigstens schon, worauf er aufmerksam wird. Kommt er auch, wenn Sie das Zauberwort rufen? Versuchsweise rufen müssen Sie es schon, auch wenn er es überhört. Hat er auf Ihr Rufen tatsächlich gehört und kommt, ist Zuverlässigkeit damit nicht garantiert, und draußen kann alles völlig anders aussehen. Wollen Sie das auf einem Spaziergang testen,

Der Hund läuft an der langen Leine vor und wird gerufen. Jetzt zeigt sich, ob er weiß, was er nach dem „Hier" tun soll.

Mit erwachsenem Hund ohne Leine übt man am besten auf einem eingezäunten Gelände.

ist es angebracht, entweder in einem eingezäunten Areal zu üben oder in eine Umgebung zu gehen oder mit dem Auto zu fahren, in der keine Ablenkungen zu erwarten sind. Damit es nicht gleich am Anfang schiefgeht, nehmen Sie Ihren Hund an die lange Leine. Dann rufen Sie nach ihm. Kommt er gleich, ist das schon mal ein gutes Zeichen. Auf den Spaziergängen die Aufmerksamkeitsübungen einzulegen, ist immer sinnvoll, gerade dann, wenn Sie einen erwachsenen Hund übernommen haben. Der muss sich in jedem Fall erst an Ihnen orientieren.

Stellen Sie fest, dass bei einem älteren Hund kein Rufen wirkt, etablieren Sie ein ganz neues Wort, ein Fantasiewort, das garantiert in der Alltagssprache nicht vorkommt. Es wird genauso eingeübt wie der Alarmpfiff, also durch positive und negative Konditionierung, und dann durch negative Absicherung gefestigt und kontrolliert. Auch der Clicker bietet sich hier zum Lernen an.

Üben im Haus

Beginnen Sie mit der Verknüpfung: Herankommen auf „Hier" lohnt sich, denn es wird belohnt.

1. Warten Sie, bis Ihr Hund Sie ansieht, also aufmerksam wird.
2. Läuft er jetzt auf Sie zu, sagen Sie „Hier". Läuft er nicht auf Sie zu, versuchen Sie ihn dazu zu bringen, etwa indem Sie einige Schritte rückwärtsgehen. So bereitwillig wie ein Welpe folgt Ihnen ein erwachsener Hund vielleicht nicht.
3. Manchmal helfen Leckerchen oder ein Spielzeug. Zeigen Sie dem Hund, was Sie in der Hand haben, und setzt er sich daraufhin in Bewegung, rufen Sie lobend beim ersten Schritt „Hier!". Sie haben

auch die Möglichkeit, ihn anzufüttern: Geben Sie ihm ein kleines Stück von einem Leckerbissen und zeigen Sie ihm das größere Stück aus der Entfernung.

4. Ist er bei Ihnen, bekommt er seine Belohnung. Achten Sie auch im Haus darauf, dass er so nah herankommt, dass er Sie berührt und zumindest kurz bei Ihnen bleibt und dabei nicht selbst entscheidet, wann er wieder losrennt.

Üben an der Zweimeterleine

1. Ihr Hund sitzt neben Ihnen an der locker durchhängenden Leine. Machen Sie ihn aufmerksam und gehen Sie schnell zwei, drei Schritte rückwärts,

wobei Sie den Hund weiterhin ansehen. Kommt er, sagen Sie „Hier", ist er bei Ihnen, belohnen Sie ihn. Kommt er nicht, sondern bleibt sitzen, strafft sich die Leine. Dann bleiben Sie stehen und locken ihn mit einem Leckerchen heran. Das zeigen Sie ihm auch, wenn er an Ihnen vorbeilaufen sollte.

2. Während der Hund sitzen bleibt, drehen Sie sich und gehen zwei, drei Schritte. Bleiben Sie stehen, bevor sich die Leine strafft; drehen Sie sich wieder um, sodass Sie den Hund ansehen. Sagen Sie seinen Namen und gehen Sie zugleich rückwärts. Folgt er sofort, gehen Sie noch ein paar Schritte, sagen dabei

Auf Distanz wird dem Hund das Leckerchen gezeigt ...

... und das darf er sich dann selbst aus der Hand holen.

„Hier" und belohnen Sie ihn, wenn er bei Ihnen ist.

3. Sie können auch unter Ablenkung an der kurzen Leine üben: Der Verlauf ist wie bei der zweiten Übung, aber jetzt kommt ein Helfer ins Spiel, der versucht, den Hund auf sich aufmerksam zu machen. Sie sagen den Namen des Hundes, gehen los, ohne auf ihn zu achten, und folgt er Ihnen, rufen Sie „Hier!".

Üben an der langen Leine

Üben Sie auf den Spaziergängen zuerst in ablenkungsarmer Umgebung, entspannten Situationen und immer gut gelaunt. Der Vorteil beim erwachsenen Hund ist, dass die Spaziergänge länger sein können. Dennoch ist es – je nach Hund, seiner Größe und Ausdauer – ratsam, lieber zwei, drei oder sogar vier Mal für eine halbe Stunde mit ihm hinauszugehen und in dieser Zeit nicht kompakt zu üben, sondern im Wechsel mit kürzeren und längeren Pausen. Beginnen Sie mit Aufmerksamkeitsübungen, nicht anders als bei einem Welpen. Sie sagen nichts, sondern gehen Ihres Wegs. Beim erwachsenen Hund könnte es öfter vorkommen, dass er nicht hinter Ihnen bleibt, sondern vorausläuft. Dann warten Sie nicht, bis sich die Leine strafft, gehen Sie schon vorher in die entgegengesetzte Richtung oder biegen Sie ab. Entweder Ihr Hund beachtet Sie und beeilt sich, wieder zu Ihnen aufzuschließen, was schon ein gutes Zeichen ist, oder er latscht sozusagen weiter, ohne sich um Sie zu kümmern. Die Leine strafft sich. (Und wieder gilt: Wenn er Ihnen kurz entschlossen doch noch folgt, darf sie sich nicht straffen!) Sofort bleiben Sie stehen und warten. Setzt Ihr Hund sich in Ihrer Richtung wieder in Bewegung, gehen Sie weiter und kurze Zeit später folgt der nächste Richtungswechsel. Im Lauf der Zeit sollte der Hund zunehmend deutlichere Aufmerksamkeit zeigen.

Die Frage ist: Folgt der Hund auch dann…

Setzt er sich nicht in Bewegung, warten Sie eine Weile und gehen wieder ein paar Schritte. Haben Sie es mit einem sturen Hund zu tun, der gar nicht reagiert, versuchen Sie, seine Aufmerksamkeit auf sich zu ziehen. Am besten, ohne ihn dabei anzusehen. Tun Sie so, als ginge ihn das gar nichts an und als wäre es nur für Sie von größtem Interesse. Das macht Hunde neugierig.

Die Übungen, durch die der Hund in verschiedenen Situationen lernen soll, auf Sie zu achten und sich nach Ihnen zu richten, stehen am Anfang Ihres Trainings.

Verunsicherung und Sicherheit

Günther Bloch (Der Wolf im Hundepelz) empfiehlt diese Übungen an der zehn Meter langen Leine in einem in der Landschaft gedachten Dreieck: Sie gehen etwa fünfzig Meter, bleiben dann kommentarlos für eine Minute stehen, bis der Hund Kontakt zu Ihnen aufnimmt. Sie gehen wieder fünfzig Meter, bleiben wieder stehen, und wenn der Hund nun kommt und Kontakt aufnimmt, wird er gelobt. Es folgt eine dritte Wendung, zurück zum Ausgangspunkt, und wieder: Warten, bis der Hund nah herangekommen ist, und dann sofort loben.

… wenn der Mensch plötzlich die Richtung wechselt?

Gleich nach dem Umdrehen wird die Leine fallengelassen.

Der nächste Schritt: Sie wickeln die Leine auf, nehmen den aufgewickelten Teil in die eine, die Leinenschlaufe in die andere Hand, geben dem Hund etwas Spielraum an der Leine, und er darf auch ziehen. Ist er unaufmerksam, lassen Sie den aufgewickelten Teil der Leine fallen, drehen sich um und gehen in die entgegengesetzte Richtung. Der Ruck folgt, Sie bleiben stehen, und sobald der Hund kommt, wird er gelobt, aber nicht belohnt. Dann wird dieser Ablauf wiederholt, aber dabei wird einmal gepfiffen, sobald der Hund aufmerksam wird und sich Ihnen zuwendet. Ist er angekommen, wird er gelobt.

Das sind Übungen, die den Hund auf die Entfernung verunsichern, während er an Ihrer Seite Bestätigung und damit also Sicherheit erfährt. Verunsicherung auf Distanz empfehlen Hoefs und Führmann zuerst nur an der fünf Meter langen Leine.

Die einzelnen Schritte sollten am Tag bis zu drei Mal und etwa ein, zwei Wochen lang durchgeführt werden. Zeigt der Hund zunehmende Folgebereitschaft, wird der Schwierigkeitsgrad gesteigert: Sie ändern die Geschwindigkeit und rennen bei den Richtungswechseln, und nach und nach kommen dann noch weitere unterschiedliche Arten der Ablenkung dazu.

Stoppen bei Ablenkung

Schätzen Sie bei der allmählichen Steigerung den Grad der Ablenkung ein. Der Hund muss der Herausforderung gewachsen sein. Sind Sie zum Beispiel in der Lernphase, in der noch keine Ablenkung vorgesehen ist, üben gerade und sehen etwas kommen, was den Hund mit Sicherheit interessiert, etwa einen anderen Hund, brechen Sie das Üben vorzeitig ab.

Wenn Sie feststellen, dass Ihr Hund stark auf Ablenkungen reagiert, gehen Sie zum Üben an der fünf Meter langen Leine über. Dann suchen Sie die ablenkenden Reize ganz gezielt oder inszenieren sie. Lassen Sie zum Beispiel Freunde auf der Strecke joggen oder mit dem Rad vorbeifahren, auf der Sie spazieren

Plötzliches Losrennen bringt den Hund dazu, aufmerksamer zu werden.

gehen. Sie halten sich mit dem Hund in einer Entfernung auf, die knapp mehr als die fünf Meter Leine plus Hund am Ende beträgt. Die Leinenschlaufe haben Sie in der einen, die aufgerollte Leine in der anderen Hand. Stürmt jetzt der Hund auf den joggenden oder radelnden Menschen zu, lassen Sie wieder den aufgerollten Teil zu Boden fallen und rennen in die entgegengesetzte Richtung. Bei Hunden, die mit dem Hetzen von Joggern oder Radfahrern bereits Erfahrungen gemacht haben, kann sich das so gestaltete Üben allerdings hinziehen.

Gehen Sie mit dem erwachsenen Hund in einen Wildpark. Sein Verhalten zeigt sich voraussichtlich schon beim ersten Sichten von Wildtieren. Da die Tiere hinter Zäunen und Gittern sicher sind, lassen Sie Ihren Hund einfach auflaufen. In diesen Situationen bietet sich der Alarmpfiff (siehe Seite 56) an. Hunde mit Jagderfahrung können nur in garantiert wildfreien Gebieten ohne Leine laufen, solange ihre Passion anhält. Haben Sie einen jagdlich motivierten Hund, wird es kaum ohne Hilfe eines Hundetrainers gelingen, ihn vom Jagen abzubringen.

Abgeleint

Bei erwachsenen Hunden kommt es schon vor, dass sie die Sache mit der Schleppleine durchschauen. Wenn sie an der Leine sind, gehorchen sie; sobald sie abgeleint sind, läuft wieder ihr eigenes Programm ab. Haben Sie lange genug mit der langen Leine geübt und hat der Rückruf richtig gut geklappt, sind Sie zufrieden mit dem Ergebnis, leinen Sie den Hund ab. Sie können es so machen, dass Sie nach und nach von der Leine ein Stück abschneiden.

> Lassen Sie den Hund am Anfang einfach nur laufen, er soll sich zuerst lösen und ein bisschen rennen oder auch mit anderen Hunden spielen.

> Gerade auf den ersten leinenlosen Spaziergängen bieten Sie dem Hund etwas Tolles an, was ihn nicht allein körperlich beansprucht, sondern wozu auch Köpfchen gehört.

> Für diese Übung brauchen Sie einen Helfer, der nicht zur Familie gehört. Gehen Sie mit ihm in ein eingezäuntes Gelände oder in eine reizarme Umgebung. Der Helfer hält den Hund am Halsband oder Geschirr zurück, Sie entfernen sich auf etwa zehn Meter, wenden sich um. Ihr Hund wird mit großer Wahrscheinlichkeit schon auf Sie starren. Jetzt rufen Sie, und zeitgleich lässt der Helfer den Hund los. Sie warten in dieser Situation also nicht darauf, dass der Hund die ersten Schritte macht. Wiederholen Sie diese Übung über vergrößerte Entfernungen und mit Ablenkungen.

Während Sie rufen, lässt der Helfer den Hund los.

Und jetzt loben!

> Gehen Sie mit Freunden, machen Sie gemeinsame Spiele, während Sie unterwegs sind. Voraussetzung ist ein verträglicher Hund. Zum Beispiel: Einer aus der Gruppe hält den Hund fest, während sich die anderen schnell entfernen. Aber nur Sie verstecken sich, rufen aus dem Versteck heraus „Hier!", und der Hund wird losgelassen. Hat er Sie gefunden, gibt es eine Belohnung!

> Aber zeigen Sie dem Hund vor allem, dass das Herankommen kein Spiel ist und dass es passieren kann, wenn er nicht auf Sie achtet, dass Sie plötzlich weiter entfernt sind.

Der Clicker ist auch beim Kommenlernen ein gutes Hilfsmittel!

Kommen lernen mit Clicker

Ob Welpe oder erwachsener Hund – Sie können den Rückruf auch mit dem Clicker üben. Mit dem Clicker kann man ein Verhalten des Hundes formen, wenn er auf das Geräusch als Mittel der Bestätigung, der eine Belohnung auf dem Fuße folgt, konditioniert wurde. Um den Hund auf den Clicker zu konditionieren, beginnen Sie mit einem einmaligen Klickgeräusch – und sofort gibt es ein Leckerchen. Lassen Sie sich, wenn Sie unerfahren sind, den Gebrauch des Clickers von einem Hundetrainer zeigen oder von einem Hundebesitzer, der sich damit auskennt. Nach einigen Wiederholungen weiß der Hund, dass auf das

Geräusch hin verlässlich ein Leckerchen folgt. Ist dann plötzlich der Klick nicht zu hören, bleibt folglich auch das Leckerchen aus, wird er sich auf jede erdenkliche Art bemühen, es wieder zu bekommen. Die meisten Hunde bieten jetzt an, was sie in ihrem Verhaltensrepertoire so zur Verfügung haben. Das ist, gut zu beobachten, die Versuch-und-Irrtum-Phase. Ist es zufällig das Richtige – im Falle des Herankommens ist das bereits der erste Schritt auf den Menschen zu, folgt auch wieder der Klick zusammen mit der Belohnung. Ein Lob ist nicht nötig. Auf der nächsten Stufe wird eine ganze Weile der eine Schritt des Hundes durch das Klickgeräusch und das Leckerchen bestätigt. Die nächste Stufe folgt: Jetzt sollen es zwei Schritte sein, dann drei und so weiter bis hin zur Steigerung auf größere Entfernungen.

Der alte Hund

Hunde werden älter und dabei bisweilen eigensinniger. Übernehmen Sie einen richtig alten Hund, der das Kommen nicht gelernt hat, könnte es schwierig mit ihm werden. Aber es ist erstaunlich, wie viel oft auch noch die Hundesenioren lernen können, neu lernen können. Versuchen Sie es mit ihm, als hätten Sie einen Welpen, bleiben Sie geduldig und bestätigen Sie bereits kleine Erfolge. Passieren kann es, dass ein alter Hund, der Jagderfolge hinter sich hat, für den Rest seines Lebens nicht mehr ohne lange Leine laufen darf.

Ist es Ihr eigener Hund, der älter wird und vielleicht nicht mehr so gut hört, rein akustisch nicht, dürfte sich trotzdem nicht viel ändern, wenn er beim Rückruf bisher immer Zuverlässigkeit

Ist der Hund sein Leben lang herangekommen…

gezeigt hat. Auch wenn er fast taub ist: Solange er noch sehen kann, wird er sich weiterhin an Ihnen orientieren, wenn er das als Voraussetzung gelernt hat und Sie sich in seinem bisherigen Hundeleben als der Mensch erwiesen haben, dem er gern folgen will.

Der Hund kommt nicht?

Die Situation: Der frei laufende Hund hat bereits Blickkontakt zu Ihnen aufgenommen, war also aufmerksam und hat sich auch zunächst auf Sie zubewegt. Und dann hat er auf der Strecke etwas entdeckt, ihm ist zum Beispiel ein interessanter Geruch in die Nase geraten oder eine Maus ist durchs Gras gelaufen, und mit der einen oder anderen Sache muss

In Übung bleiben

Das Herankommen auf Spaziergängen immer wieder ohne Anlass aufzufrischen, erweist sich als sinnvoll, auch wenn der Hund zuverlässig geworden ist. Rufen Sie also in entspannten Situationen einfach mal „Hier!" und belohnen Sie Ihren Hund überraschenderweise, wenn er schnell bei Ihnen ist. Läuft er zu weit vor, biegen Sie in einen anderen Weg ein oder rennen zurück und rufen oder pfeifen. Ihr Hund soll das Herankommen in ganz verschiedenen Situationen weiterhin als angenehm empfinden.

... wird er auch im Alter seinem Menschen folgen und schnell bei ihm sein.

er sich jetzt erst einmal beschäftigen. Was könnten Sie jetzt tun? Sie haben die Möglichkeit zur Korrektur. Dafür muss der Hund ein Abbruchsignal gelernt haben, er muss also wissen, was zum Beispiel das Wort „Nein" bedeutet – auch so ein wesentliches Wort fürs Hundeleben. Sie warten noch kurz, dann rufen Sie ein unmissverständlich ernst gemeintes „Nein!". Wenn er daraufhin aufblickt, schließen Sie das „Hier" in wieder freundlicherem Ton an. Dass Sie es bereits ein zweites Mal rufen, registriert der Hund in dieser Situation nicht, weil

Dass der Hund das Herankommen als angenehm empfindet und gern bei seinem Menschen ist, sollte eine Selbstverständlichkeit sein.

er durch die Ablenkung das erste „Hier" schon wieder vergessen hatte.

Je nach Charakter Ihres Hundes haben Sie noch weitere Möglichkeiten:

> Tun Sie so, als hätten Sie etwas Interessantes gefunden, und beschäftigen Sie sich damit. Wendet sich Ihr Hund Ihnen daraufhin wieder aufmerksam zu und kommt angerannt, rufen Sie ihm noch das „Hier!" entgegen. Um ihm zu zeigen, dass es einfach das Beste für ihn ist, zu Ihnen zu kommen, könnte es danach noch ein Spiel mit Futtersuche geben.

> Rennen Sie in die entgegengesetzte Richtung, und erst wenn Sie bemerken, dass er angelaufen kommt, rufen Sie ihn.

> Verstecken Sie sich, aber behalten Sie den Hund im Blick. Ist er so mit dem eigenen Kram befasst, dass er nicht einmal Ihr Verschwinden bemerkt, müssen Sie aus dem Versteck heraus ein auffälliges Geräusch von sich geben, bis er feststellt, dass Sie nicht mehr da sind. Kommt er, wird er wieder gerufen. Wird er unsicher, weil er Sie nicht bemerkt, oder rennt sogar in die andere Richtung, treten Sie aus dem Versteck heraus und machen sich bemerkbar.

> Machen Sie eine schnelle, wortlose Bewegung auf ihn zu, damit er überhaupt wieder aufmerksam wird. Dann gehen Sie rückwärts und rufen ihn.

> Lassen Sie Ihren Hund mit Packtaschen laufen, in denen er etwas mit sich herumträgt, was besonders gut riecht.

Hund weg – was tun?

Und wenn der Hund erst kommt, nachdem er seine eigenen Interessen verfolgt hat – hier schnüffeln, da buddeln, in einen Bach springen oder was immer auch sonst für ihn ein tolles Erlebnis ist? Sollen Sie ihn dafür auch noch loben? Hat er das Herankommen gelernt und befolgt es in der Regel zuverlässig? Überlegen Sie, was Sie belohnen wollen: Dass er überhaupt gekommen ist? Oder dass er zügig gekommen ist? Weiß der Hund das eine vom anderen zu unterscheiden?

Als fortgeschrittener Schüler weiß er das sehr wohl. Also loben Sie ihn nicht, sondern sagen Sie gar nichts.

Oder verhindern Sie, dass er in diesen Situationen die Gelegenheit hat, zu Ihnen zu kommen. Kommen Sie ihm zuvor: Gehen Sie mit schnellen Schritten auf ihn zu und machen ihm unmissverständlich klar, dass Sie dieses Verhalten nicht dulden. (Siehe Seite 58 unter negative Absicherung.) So sollten Sie sich auch verhalten, wenn Ihr Hund wieder auftaucht, nachdem er eine Wildspur aufgenommen, sie verfolgt hat und richtig lange – zehn, zwanzig Minuten – verschwunden war. Leinen Sie ihn danach an und lassen ihn eine Zeit lang neben sich laufen. Mit „Los" oder „Lauf"

Das Schönste für jeden Hund ist freies Laufen.

wird er wieder freigegeben und auf dem weiteren Weg ohne Anlass immer wieder herangerufen.

Den Spaziergang abzubrechen, wenn der Hund sich selbstständig gemacht hat, ist selten möglich. Denn meistens sind Sie dann gerade mitten im Wald. Lassen Sie ihn auf dem Rückweg die ganze Zeit angeleint neben sich laufen, kann er keinen Zusammenhang herstellen. Die Verknüpfung: Ich bin abgehauen, deshalb muss ich jetzt stundenlang an der Leine gehen, und dann geht es leider nach Hause, funktioniert so nicht. Bleibt Ihr Hund, nachdem Sie ihn gerufen haben, weil Sie früher als er Wild entdeckt haben, an Ihrer Seite, obwohl da ein Sprung Rehe in der Nähe vorbei-

rennt, ist natürlich ein dickes Lob mit einer Belohnung fällig. Es darf eine ganze Handvoll sein.

Garantierte Zuverlässigkeit gibt es nicht. Das Herankommen kann für den Hund zur Selbstverständlichkeit geworden sein, dennoch kann es passieren, dass es irgendwann unerwartet einen stärkeren Reiz gibt, der ihn ablenkt. Am besten ist es, es kommt gar nicht so weit, dass der Hund abhaut. Präventive Maßnahmen sind immer besser. Voraussetzung dafür ist, dass Sie lernen, das Verhalten Ihres Hundes zu erkennen. Zeigt er zum Beispiel nur den Ansatz zum Jagen, rufen Sie ihn heran. Der Ansatz ist nicht das Loshetzen, sondern das ständige Umherschauen, das Wittern, die erhobene Nase.

Rennanfälle sind gut, Hetzen und Jagen dagegen dürfen nicht sein.

Kommen und Vorsitzen

Auf Hundeplätzen wird es verlangt, und zwar korrekt: Auf das Signal hin kommt der Hund angerannt und setzt sich mit Körperkontakt vor den Hundeführer, den Kopf erhoben, den Blick auf ihn gerichtet.

Wenn Sie keine Prüfung ablegen möchten, genügt es völlig, wenn Ihr Hund nach dem Ruf oder Pfiff zu Ihnen kommt und bei Ihnen bleibt, bis Sie ihn wieder freigeben. Möchten Sie aber, dass er sich so vor Ihnen hinsetzt, muss der Hund zuerst „Sitz" beherrschen. Das Prinzip beim Üben ist nicht anders als beim „Hier". Zuerst sagen Sie immer genau dann „Sitz", wenn sich der Hund hinsetzt,

und bestätigen es. Auch hier kehrt sich der Ablauf von selbst um, wenn Sie oft genug geübt haben. Dann setzt sich der Hund, sobald er das Kommando hört. Wollen Sie nicht warten, sondern den Hund dazu bringen, sich hinzusetzen, können Sie so vorgehen: Sie halten ihm einen Leckerbissen vor die Nase, und dann geht Ihre Hand in die Höhe. Das bringt viele Hunde dazu, sich hinzusetzen. Daraufhin kommt zuerst das Signal und sofort die Bestätigung. Es gibt noch einige andere Möglichkeiten, das „Sitz" zu trainieren. Auch mit Clicker bietet es sich an. Welche Methode Sie auch anwenden: Klappt es, kombinieren Sie einfach das eine Kommando mit dem

Auf das „Hier" setzt sich der Hund in Bewegung ...

... und setzt sich dann mit Blickkontakt vor den Menschen.

anderen. Sie rufen oder pfeifen nach Ihrem Hund, und kurz bevor er herangekommen ist, sagen Sie „Sitz", und dann erhält er seine Belohnung. Soll er erst eine Weile sitzen bleiben und Sie ansehen, dehnen Sie die Zeitspanne zwischen seinem Hinsetzen und der Belohnung für einige Sekunden.

Beim Hundesport wird nach Schema trainiert, der Ablauf ist so ritualisiert, dass der Hund, wenn sich der Hundeführer entfernt, schon mit allen Muskeln zuckt, weil er weiß: Gleich folgt das Signal zum Herankommen. Bei Hunden, die im Hundesport richtig gut sind, kann es durchaus vorkommen, dass sie auf Spaziergängen beim Rückruf nicht so zuverlässig sind. Die ganzen Lernfolgen sind bei ihnen an ein bestimmtes Umfeld geknüpft. Dann könnte entweder beim Spaziergang für den Rückruf eine vergleichbare Situation hergestellt werden oder es wird ein anderes Signal eingeführt.

Reizvolle Spaziergänge

Die Frage stellt sich ein Hundeleben lang: Was haben Sie denn dagegen zu bieten: gegen die vielen verlockenden Reize, die der Hund auf Spaziergängen wahrnimmt? Die Sie sich gar nicht vorstellen können als ein Lebewesen für das der nicht selten auch noch einge-

Spaziergänge sollten für den Hund auch spannend werden.

schränkte Gesichtssinn Priorität hat. Trotzdem haben Sie die Chance, etwas dagegenzusetzen. Wenn Sie auf dem ganzen Weg nur vor sich hin laufen und den Hund seinen eigenen Interessen

Aber am interessantesten bleibt für den Hund immer noch der Mensch.

nachgehen lassen, ist das nicht viel. Er soll natürlich auch einfach nur laufen. Aber ab und zu könnte ihm auch etwas geboten oder eine Überraschung eingebaut werden. Zum Beispiel:

> Lassen Sie Ihren Hund warten und verstecken Sie an einer guten Stelle Leckerchen. Holen oder rufen Sie ihn dann heran und lassen ihn nach diesen Schätzen suchen. Wenn Ihr Hund lieber spielt und Leckerchen langweilig findet, verstecken Sie ein Spielzeug oder auch zwei, drei Sachen. Bringen Sie ihm bei, Spielzeuge zu unterscheiden und das richtige zu bringen. Dafür ist bei vielen Hunden allerdings Geduld erforderlich.

> Lassen Sie ihn neben sich „Sitz" oder „Platz" machen, werfen Sie ein paar besondere Häppchen oder ein Spielzeug so, dass er sieht, wohin es fällt, lassen Sie ihn noch ein paar Sekunden warten, schicken Sie ihn dann los zum Suchen.

> Oder machen Sie das gleiche Spiel mit einem Futterbeutel. Bringt er ihn heran, darf er sich seine Belohnung selbst herausnehmen.

> Beschäftigen Sie ihn mit „Nasenarbeit". Das macht den meisten Hunden Spaß und strengt sie gleichzeitig an, weil sie sich dabei sehr konzentrieren müssen. Legen Sie zum Beispiel eine Spur mit der Flüssigkeit von Dosenwürstchen und lassen Sie den Hund am Ende ein klein geschnittenes Würstchen finden. Bringen Sie ihm bei, nach scheinbar verlorenen Gegenständen zu suchen und Ihnen diese anzuzeigen. Oder beschäftigen Sie sich mit „Drogensuche", bei der der Hund lernt, einen Geruch wie Kaffee oder Muskatnuss aufzuspüren. Oder machen Sie Fährtensuche oder Mantrailing, bei dem der Hund lernt, einen Menschen anhand eines Geruchsgegenstands zu verfolgen. Das können Sie natürlich auch ernsthaft wie einen Job für Hunde betreiben, ebenso wie Rettungshundearbeit.

> Die Spaziergänge sollen auch Ihnen Spaß machen, weil Sie sich an Ihrem Hund erfreuen. Dann ist schon fast gesichert, dass Sie auch dem Hund Spaß machen.

> Aber das Wichtigste ist, dass es Ihrem Hund darauf ankommt, mit Ihnen zusammen zu sein. Gemeinsamkeit und Miteinander sind das Bindemittel.

Service

Zum Weiterlesen

Blenski, Christiane: **Das lernt mein Hund.** Kosmos 2008

Bloch, Günther: **Der Wolf im Hundepelz**. Hundeerziehung aus unterschiedlichen Perspektiven. Kosmos 2006

Feddersen-Petersen, Dorit U.: **Ausdrucksverhalten beim Hund.** Mimik, Körpersprache, Kommunikation und Verständigung. Kosmos 2008

Feddersen-Petersen, Dorit U., Günther Bloch und Jan Nijboer: **Von der Hand in die Welt ...** Das A – Z des Hundes. 3 DVDs, Müller-Rüschlikon 2006

Feddersen-Petersen, Dorit U.: **Hunde-psychologie**. Sozialverhalten und Wesen. Emotionen und Individualität. Kosmos 2006

Fisher, Sarah und Marie Miller: **100 Wege zum perfekt erzogenen Hund**. Übungen, Tricks und Spiele. Kosmos 2009

Gansloßer, Udo: **Verhaltensbiologie für Hundehalter**. Verhaltensweisen aus dem Tierreich verstehen und auf den Hund beziehen. Kosmos 2007

Hoefs, Nicole und Petra Führmann: **Das Kosmos-Erziehungsprogarmm für Hunde.** Buch und DVD. Kosmos 2006

Jones, Renate: **Welpenschule**. Sozialisieren, erziehen & beschäftigen. Kosmos 2006

Katja Kraus: **Hunde erziehen mit dem Clicker.** Kosmos 2006

Nijboer, Jan: **Vom Welpen zum Familienhund mit Natural Dogmanship®.** Kosmos 2009

Nijboer, Jan: **Hunde erziehen mit Natural Dogmanship®**. Buch und DVD. Kosmos 2006

Owens, Paul und Terence Cranendonk: **Neues vom Hundeflüsterer**. Welpen sanft erziehen. Kosmos 2009

Pryor, Karen: **Positiv bestärken – sanft erziehen**. Die verblüffende Methode, nicht nur für Hunde. Kosmos 2006

Rütter, Martin: **Hundetraining mit Martin Rütter**. Individuell – partnerschaftlich – leise – einfach D.O.G.S. Buch und DVD. Kosmos 2007

Schöning, Barbara, Nadja Steffen und Kerstin Röhrs: **Hilfe, mein Hund jagt**. Jagdverhalten in die richtigen Bahnen lenken. Kosmos 2006

Winkler, Sabine: **Hundeerziehung**. Kosmos 2009

Winkler, Sabine: **Hundeschule**. Hunde verstehen, erziehen & beschäftigen. Kosmos 2008

Winkler, Sabine: **Welpenkindergarten**. Prägung, Spiel und Erziehung. Kosmos 2008

Nützliche Adressen

Hundeschule HundeArtige Hannover
Sabine Ditterich
Schierholzstraße 6
30655 Hannover
www.hundeschule-hundeartige.de

Hundeschule Berlin-Brandenburg
Astrid Lutz
Cordesstraße 4
14055 Berlin
www.hundeschule-bb.de

Hundeschule und Hundepension Hundeleben
Bettina Bannes-Grewe, Michael Grewe
Jettkamp 1
24576 Bad Bramstedt
www.hundeschule-hundeleben.de

Deutscher Tierschutzbund e. V.
Bundesgeschäftsstelle
Baumschulallee 15
53115 Bonn
www.tierschutzbund.de

Canis – Zentrum für Kynologie
Hauptstraße 18
35708 Haiger
www.canis-kynos.de

Verband für das Deutsche Hundewesen (VDH)

Westfalendamm 174

44041 Dortmund

www.vdh.de

Österreichischer Kynologenverband (ÖKV)

Sigfried Marcus Strasse 7

2362 Biedermannsdorf

Österreich

www.oekv.at

Schweizerische Kynologische Gesellschaft (SKG)

Brunnmattstrasse 24

3007 Bern

www.skg.ch

Tierärztliche Vereinigung für Tierschutz e. V. (TVT)

Geschäftsstelle

Bramscher Allee 5

49565 Bramsche

www.tierschutz-tvt.de

Register

Bildnachweis

Alle Farbfotos wurden von Vivien Venzke / Kosmos
extra für dieses Buch aufgenommen.
Cartoons von Angelika Schmohl.

Impressum

Umschlaggestaltung von eStudio Calamar unter
Verwendung eines Fotos von Ulrike Schanz (U1) und
eines Fotos von Vivien Venzke / Kosmos (U4).
Das Foto auf der Umschlagvorderseite (U1) zeigt
einen Basenji-Welpen.

Mit 120 Farbfotos.

Unser gesamtes lieferbares Programm und viele
weitere Informationen zu unseren Büchern,
Spielen, Experimentierkästen, DVD, Autoren und
Aktivitäten finden Sie unter **www.kosmos.de**

Gedruckt auf chlorfrei gebleichtem Papier

© 2009, Franckh-Kosmos Verlags-GmbH
& Co. KG, Stuttgart
Alle Rechte vorbehalten
ISBN 978-3-440-11959-4
Redaktion: Ute-Kristin Schmalfuß
Gestaltungskonzept: eStudio Calamar
Gestaltung und Satz: Atelier Krohmer, Dettingen
Produktion: Eva Schmidt
Printed in Germany/ Imprimé en Allemagne